도시건축과
시간의 지속에 대하여

How do the things that have not yet appeared meet
with those that have already disappeared?

How Do the Things That Have Not Yet Appeared Meet with Those That Have Already Disappeared?

On the Sustainability of Urban Architecture and Memory

Two temporalities always coexist in the city: the present, and a time that either has not yet arrived or has already disappeared. Donuimun Museum Village, situated on the western edge of Seoul, lies precisely at the boundary between these two layers of time. From early modernization and Japanese colonial rule to the Korean War, industrialization, and contemporary attempts at preservation—this compact site contains densely layered histories. But how are these times actually remembered?

The term "museum village" implies that this place has already been sealed within a fixed past. The restored alleys, re-created signage, and carefully curated rooflines recall a city that, as Italo Calvino once described, "remained motionless in order to be better remembered, and was eventually forgotten." But architecture, we know, does not preserve memory merely by remaining in place. Memory is not a static form but a living process—something sustained through repetition, transformation, and wear across time.

This studio questions how urban, everyday architecture can be **archived**. The term "archive" here goes beyond physical preservation or formal restoration. As thinkers like Foucault and Derrida suggest, the archive is a site where fragmented, partial traces of the past persist within the living present. Meanwhile, as critics like Jameson and Boym have pointed out, memory also risks being reduced to nostalgia—a commodified, aestheticized past repackaged for consumption, as seen in the transformation of historical urban spaces into tourist destinations.

Thus, we ask: **How can memory be inhabited?**
How can the city become an archive of everyday life?
And how might architecture mediate the gap between the disappeared and the not-yet-appeared?

The western threshold of Seoul—marked by Gyeonghuigung Palace, the National Police Agency, the Office of Education, and the Seoul Museum of History—has long been a zone of rupture, shaped by repeated cycles of destruction and redevelopment. Today, this area stands both as a site of spatial disconnection and as a place of potential reconnection.

This studio proposes the idea of a **historical platform**—a new architectural interface that engages with the boundaries of the city and the discontinuities of time. Rather than isolating the past as static heritage, we seek to reintegrate it into the active life of the present. The museum village, which now lingers as a kind of "white ruin," must be returned to the city through a renewed spatial and temporal continuity.

We ask students to view architecture not as a fixed object, but as a **process**.
Find the causes of spatial disconnection—and imagine architectural solutions that restore continuity.
Analyze the physical conditions of the site—such as changes in elevation and infrastructural divisions—and propose interventions that transform these ruptures into new urban interfaces.

By dealing with the edges of the city, we seek ways to reintegrate the fragmented village into the living urban fabric. This is not a nostalgic reconstruction of the past, but an act of designing continuity—an architectural method of remembering by doing.

Ultimately, the aim of this studio is to understand urban architecture not as a thing, but as a continuous process—an evolving relationship between memory, time, and space. What we are building is not merely a building, but a platform through which the city can remember itself—and anticipate what is yet to come.

시간의 경계 위에서, 도시를 다시 쓰기
- 돈의문박물관마을을 통해 도시건축과 시간의 지속성에 대해서

도시에는 언제나 여러 켜의 시간이 공존한다. 하나는 현재의 시간, 또 하나는 아직 오지 않았거나 이미 사라진 시간이다. 서울의 서쪽, 돈의문박물관마을은 바로 그 두 시간 사이의 경계에 놓여 있다. 근대적 도시계획과 일제강점기, 한국전쟁, 산업화, 그리고 보존이라는 이름의 재현까지—수많은 시간의 층위들이 이 작은 마을 안에 쌓여 있다. 그러나 이 시간들은 과연 어떻게 기억되고 있을까?

'박물관'마을이라는 이름은 어쩌면 이곳이 이미 과거의 시간으로 완결되었음을 선언하는 것처럼 들린다. 복원된 골목, 재현된 간판, 정돈된 지붕선들. 이 모든 것은 "보다 더 잘 기억되기 위해 똑같은 모습으로 머무르려 했던 도시" 조라(칼비노, 보이지 않는 도시들)를 떠올리게 한다. 그러나 우리는 알고 있다. 건축은 단지 그 자리에 존재함으로써 기억을 보증하지 않는다. 기억은 고정된 형태가 아니라, 지속되는 시간과 그 안에서 이뤄지는 삶의 반복, 변화, 마모 속에서 비로소 살아남는다.

이 스튜디오는 돈의문박물관마을을 대상으로, 도시의 일상건축이 어떻게 아카이브될 수 있는지를 묻는다. 여기서 '아카이브'는 단순히 물리적 보존이나 형식의 복원만을 의미하지 않는다. 푸코나 데리다가 언급한 것처럼, 아카이브는 과거의 파편들이 불완전하게, 그러나 살아 있는 방식으로 현재와 연결되는 공간이다. 동시에, 제임슨이나 보임이 지적했듯이, 기억은 종종 노스탤지어라는 감정적 거리감을 통해 소비되며, 이는 도시공간이 관광지로 재포장되는 방식과 밀접하게 연관되어 있다.

따라서 우리는 묻는다.
기억에 거주할 수 있는가?
도시는 일상의 아카이브가 될 수 있는가?
그리고 건축은 어떻게 그 시간의 간극을 매개할 수 있는가?

서울 서쪽의 경계지대—경희궁, 경찰청, 서울역사박물관, 교육청사로 이어지는 축선은 오랜 시간 동안 변화의 압력 속에서 반복적으로 해체되고 재구성되어 왔다. 지금 이 지점은 도시의 연속성이 가장 뚜렷하게 단절되는 자리이자, 그만큼 새롭게 연결될 수 있는 잠재력이 가장 높은 곳이기도 하다.

이곳에서 우리는 '역사 플랫폼'이라는 개념을 실험한다. 이는 도시의 과거를 단절된 유산으로 고립시키지 않고, 현재의 시간 속에서 작동하게 만드는 건축적 장치다. 아카이브된 건축은 살아 있는 기억이 되어야 하며, 일상의 활동 속에서 지속적으로 해석되고 재조립되어야 한다.

따라서 스튜디오의 목적으로 다음과 같다.
건축을 하나의 '사물'이 아니라 '과정'으로 이해한다.
단절을 재현하는 것이 아니라, 연속을 상상한다.
시간이 중첩된 경계 위에서, 도시와 삶, 기억과 장소를 잇는 새로운 건축의 언어를 제안한다.

결국 이 스튜디오는, 건축이 단지 형태나 프로그램의 문제가 아니라, 도시가 시간을 기억하고 미래를 향해 열려 있는 방식이라는 근본적인 질문으로부터 출발한다. 우리가 짓는 것은 단지 건물 한 채가 아니라, 시간과 사람, 그리고 장소 사이의 새로운 관계다.

CONTENTS

TEAM 1

TEAM 2

TEAM 3

TEAM 4

새문안마을의 장소성이란 고유한 역사적, 일상적 배경에 기반한 시간적 연속성을 가지며, 이러한 흔적을 마을 곳곳에서 찾아볼 수 있었다는 점이다. 그러나 돈의문박물관마을의 조성은 긴 시간 동안 축적된 흔적들을 '단번에' 취급하여 훼손시켰다. 결과적으로 해당 장소의 시간성에는 기존의 것에 반하는 큰 불연속이 하나 생기게 되었고, 이에 대한 문제의식을 기반으로 프로젝트를 시작했다.

이러한 상황에서 현재의 돈의문박물관마을에 대해 취해야 할 입장은 분명하다. 앞서 장소성이라 언급했던 '시간적 연속성'을 해당 장소가 장기적으로 다시 갖게끔 하는 것이다. 돈의문역사박물관이 이전에 철거될 뻔한 여러 순간들을 견뎌내고, 도시의 중심지에서 여전히 살아있는 것은 결국 그 특유의 장소성 덕분이라 볼 수 있다. 그리고 이를 되살리기 위해서는 기존하는 장소성의 흔적들을 다시금 드러내고 강조하는 방식이 가장 유효하다.

팀 작업 전반을 아우를 수 있는 하나의 키워드는 '도시 고고학'이다. 사이트 내에 현재까지 남아있어 주목할 수 있는 여러 역사적 유물들을 직접 발견하고, '낯설게 하기'라는 방법론을 통해 이들을 발굴해내어 오늘날 돈의문박물관마을을 방문하는 이들에게 어떻게 보일 것인지를 고민했다. 이 과정에서 '건물 사이의 틈', '경사지붕들', '정면성의 변화', '폐허', '도시와의 시각적 병치' 등을 발견할 수 있었고, '채우기', '왜곡', '재료적 치환', '자연', '프레임' 등의 장치를 통해 낯설게 함으로써 이들의 새로운 존재 방식을 제안했다.

팀 작업을 통해 두 사람은 시간성에 대해 구체적으로 다른 결론에 다다르게 되었다. 하나는 의도적인 인위성을 도입하여 기존하는 장소성을 강조함으로써 시간의 연속성을 장기적으로 정상화시키는 것을, 다른 하나는 우선 도시로부터 청각적으로 분리하고 풍화 등의 방법을 통해 시간성을 의도적으로 가속함으로써 장소성을 역설적으로 강조하는 것을 목표로 각자의 프로젝트를 진행하게 되었다.

The placeness of Saemoonan Village can be defined as its historical, yet mundane background, and sense of continuous time based on it. However, the 'Donuimun Museum Village' project carelessly handled this site, damaging most of its placeness. Lamination of time, containing a time of a whole last century, encountered the big discontinuity, and it became our underlying awareness of the project.

Donuimun Museum Village existing today needs one goal, and it is to eventually reacquire the previous 'sense of continuous time'. The site has survived several crises from being demolished, thanks to its unique placeness. To resurrect it, we chose to discover existing traces of placeness and exaggerate them.

The biggest keyword for this group project is 'urban archaeology'. Discovering the fragments of historical traces, and 'excavating' them with the method of 'defamiliarization'. With this process, we were able to find elements such as 'a gap between the buildings', 'gabled roof', 'altered façade', 'ruin', and 'visual juxtaposition with the city', and defamiliarizing methods such as 'filling', 'distorting', 'altering material', 'utilizing nature', and 'framing'.

As the project progresses, each group member comes up with different specific goals. One decided to introduce intentional artificiality, intensifying existing placeness, eventually recovering the sense of time. The other focused on separating the village auditorily from the city, and accelerating the temporality.

"인식의 일반적 원리를 탐색하기 시작하면, 우리는 인식이 관습이 되어갈수록, 자동화 된다는 사실을 깨닫는다. 고로, 우리의 습관은 무의식적 자동의 영역으로 들어선다; 펜을 처음 잡을 때, 외국어를 처음 말할 때의 감각과 이 행위들을 만 번째 할 때의 감각의 기억을 비교할 수 있는 자들은 이 말에 동의할 것이다. 이러한 '습관화'는 일상적 대화에서 사람들이 말을 다 끝내지 않는 현상을 설명할 수 있다.",
<예술로서의 기법>, 빅토르 슈클로프스키

본 프로젝트의 목적은 돈의문 박물관 마을에 숨어, 리모델링 과정에서 옅어지고 흐려진 시간의 흔적을 찾아 발굴하는 것이다. 발굴된 표본은 '낯설게 되어' 전시될 것이다.

"If we start to examine the general laws of perception, we see that as perception becomes habitual, it becomes automatic. Thus, for example, all of our habits retreat into the area of the unconsciously automatic; if one remembers the sensations of holding a pen or of speaking in a foreign language for the first time and compares that with his feeling at performing the action for the ten thousandth time, he will agree with us. Such habituation explains the principles by which, in ordinary speech, we leave phrases unfinished and words half expressed.", <Art as Technique>, Viktor Shklovsky

The final goal is to excavate the fragments of lamination of time inside the Donuimun Museum Village, covered by the dirt of refurbishment. Excavated specimens will be exhibited, defamiliarized.

TEAM 1
Urban Archaeology

Maeulteo
방준영

The Museum is Alive!
고상진

동회관

EDIT
YOUR SIGHT

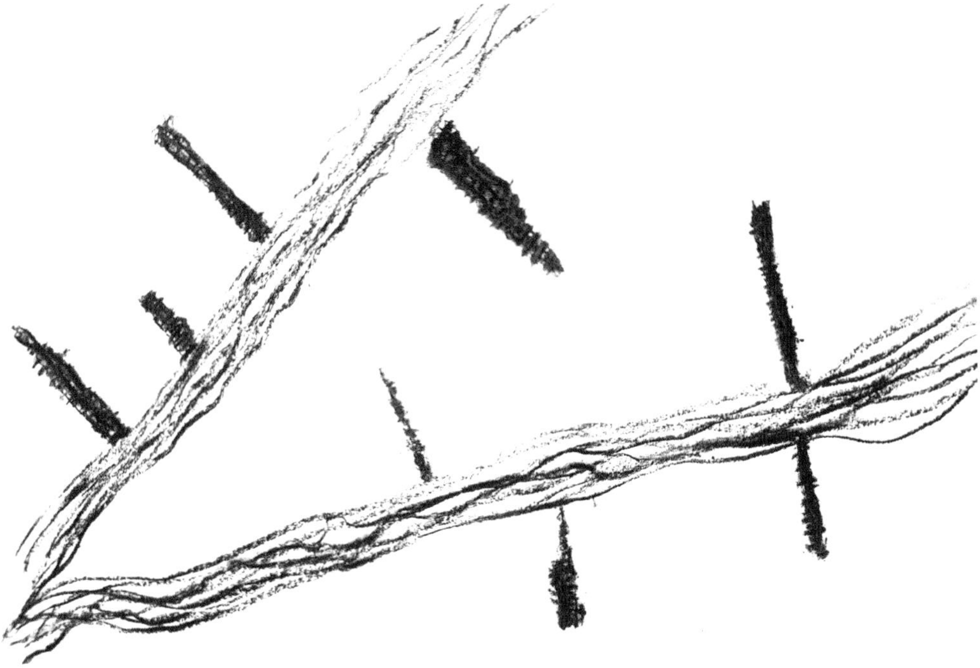

Gaps between the Walls - ‘Filling’

Excavation

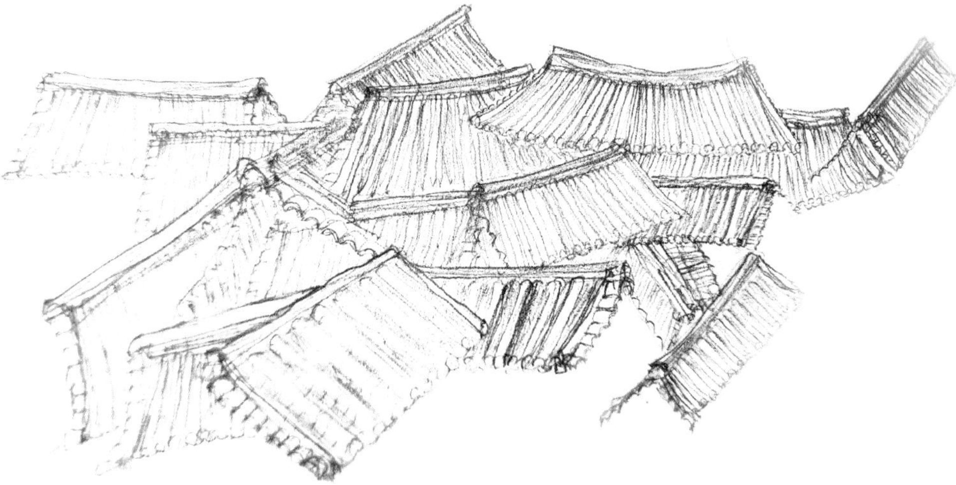

Defamiliarization

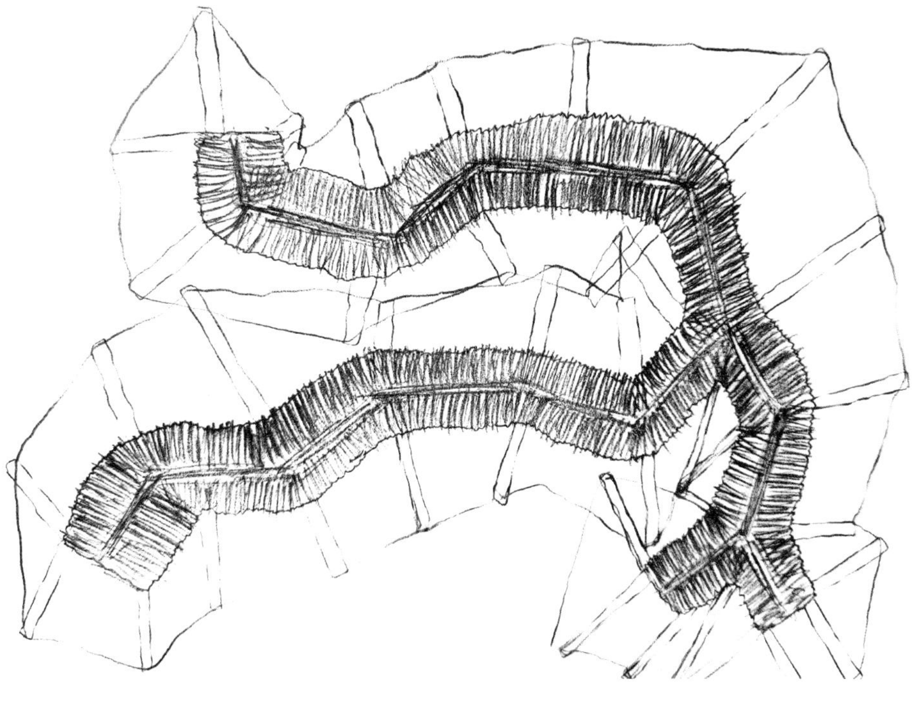

Tilted Roofs - 'Distortion'

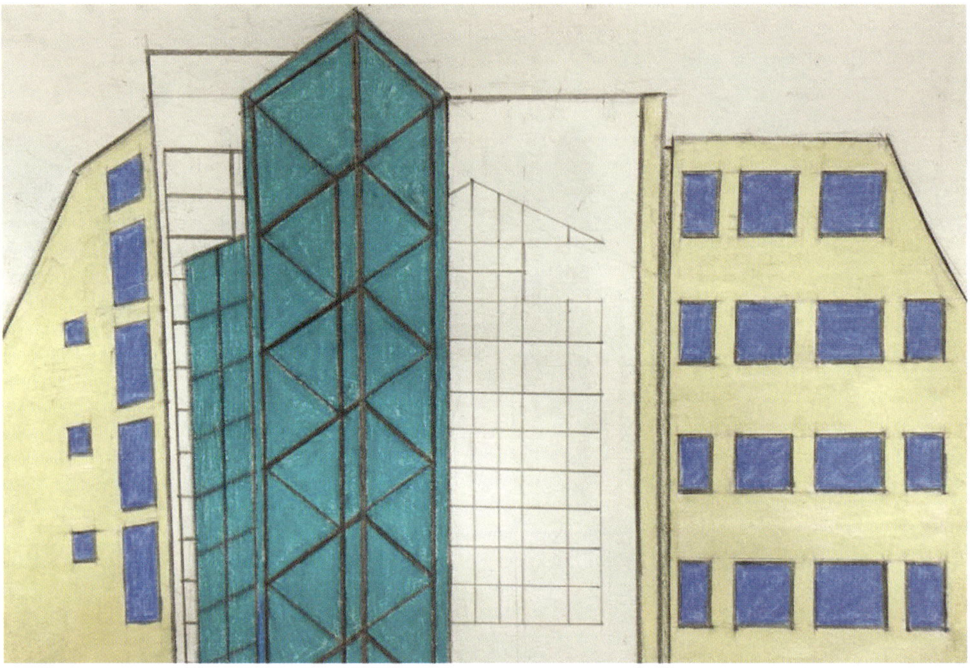

A Shift of the Facade - 'Material Substitution'

Excavation

Defamiliarization

Ruins - 'Nature'

Observatories, floating up in the sky or widely broadened,
forming the frame, induce visitors to observe the specimens before or after they wander around the village.
It approaches the visitors as a peculiar entrance of the village,
informing them the experience of the new Donuimun Museum Village will be different from everyday experience.

높게 솟거나 넓게 벌어져 프레임을 형성하는 각각의 전망대는
프로젝트에서 만들어낸 장소성의 표본들을 마을에 들어가기 전에,
혹은 마을을 들여다본 후에 관찰하게 한다.
또한 마을로 진입하기 전 방문자들에게 하나의 '사건'으로 다가감으로써,
일상과 유리된 경험의 시작을 알린다.

Maeulteo: Reacquiring the timeness of Donuimun Museum Village

Due to the refurbishment project of 2017, Saemoonan Village lost its sense of time, laminated for decades. Fallen tiles, dusty window frames were all gone. Although the village did become much cleaner and 'new', the placeness disappeared, and only the objective, dry skin of the space was left. This project intended to mimesis the sense of time of Saemoonan Village, by matching the experience of village into the experience of ruin.

Ruin is a place lacking 'function' and 'color'. Colorless street does not only refer to physical state of paintless, dusty walls and floorings, but the cognitive state of a visitor perceiving the street as a whole, due to weathering. Additionally, ruin is a tranquil, abnormal place. Ruin, a space which lost its daily function, functions as a place to induce visitors' imagining, remembering, or reasoning. To satisfy these properties of ruin, we should intentionally weather exterior walls of Saemoonan Village and isolate the experience of the village from the experience of adjacent dailyness.

The project focused on the latter goal, therefore mainly redesigned buildings along the Saemoonan street, which is the 'entrance' of the village. Instead of two steep staircases which radically welcomed them, visitors should penetrate four buildings to enter the village, physically extending the time to enter the new Saemoonan Village. The inner side of the walls are redesigned with reused existing materials, maximizing sound absorption, separating visitors from the noises of 40 meters wide street. The upper part of the buildings is also blocked by a new wall, made from reused existing aggregates or finishing materials, separating the whole village auditorily from the city. Observatory on the top floor of the first building, and archive reading room on the ground floor of 3rd and 4th buildings provide information for visitors before they enter the actual village.

마을터: 돈의문박물관마을의 시간성을 되찾아준다면

돈의문박물관마을 프로젝트로 인해, 새문안마을은 몇 십년간 적층된 시간성을 상실하였다. 벗겨진 페인트, 때묻은 벽돌, 먼지 낀 창틀은 모두 사라졌다. 마을은 정돈되고 깨끗해졌지만, 사람들의 생활터였던 장소는 그 '장소성'을 잃은, 객관적 공간인 그 껍데기가 되었다. 해당 프로젝트는 해당 마을의 시간성을 재현하고자, 마을을 둘러다보는 경험을 폐허의 경험처럼 만드는 것을 목표로 하였다.

폐허는 '기능'과 '색채' 모두 없는 장소일 것이다. 색채를 잃은 거리란 페인트가 벗겨지고 먼지가 묻은 물리적인 상태만을 일컫지 않고, 그러한 풍화, 그리고 시간의 적층으로 인해 거리가 총체적으로, 하나로서 사람에게 인식되는 상태를 말한다. 또 폐허는 고요한, 일상과 유리된 장소이다. 일상적 생활 공간으로서의 기능을 상실하여 폐허가 된 공간은 방문자에게 명상, 사유, 기억 등의 행위를 유도한다. 위의 폐허의 조건을 만족하기 위해서는 새문안마을의 외벽에 풍화를 유도하고, 마을 내의 경험을 주변의 경험과 분리시켜야 할 것이다.

본 프로젝트는 그 중에서도 마을의 경험을 주변의 경험과 단절된 경험으로 만드는 것에 집중하였고, 그러기 위해 마을의 입구 부분에 해당하는 건물들을 디자인했다. 기존 마을로 방문자들을 급격하게 맞이하는 입구였던 두 가파른 계단 대신, 가로변에 맞닿은 건물들을 통과해 마을로 진입하게 함으로써 마을로 들어가는 시간을 물리적으로 늘리고, 건물들의 벽 안쪽을 기존 재료를 재활용하여 흡음에 유리한 환경으로 만들어 도시의 소음으로부터 벗어나게 하였다. 건물 위쪽으로도 기존 건물을 구성하던 골재와 마감재 등을 재사용한 벽을 세워 새문안로의 소음이 마을 내부로 들어가지 못하게 했고, 첫 번째 건물의 상층부에 전망대를, 3, 4번째 건물 1층에는 자료 열람실을 두어 마을로 들어가기 전 마을의 정보를 최대한 확보하도록 했다.

Extruded Entrance

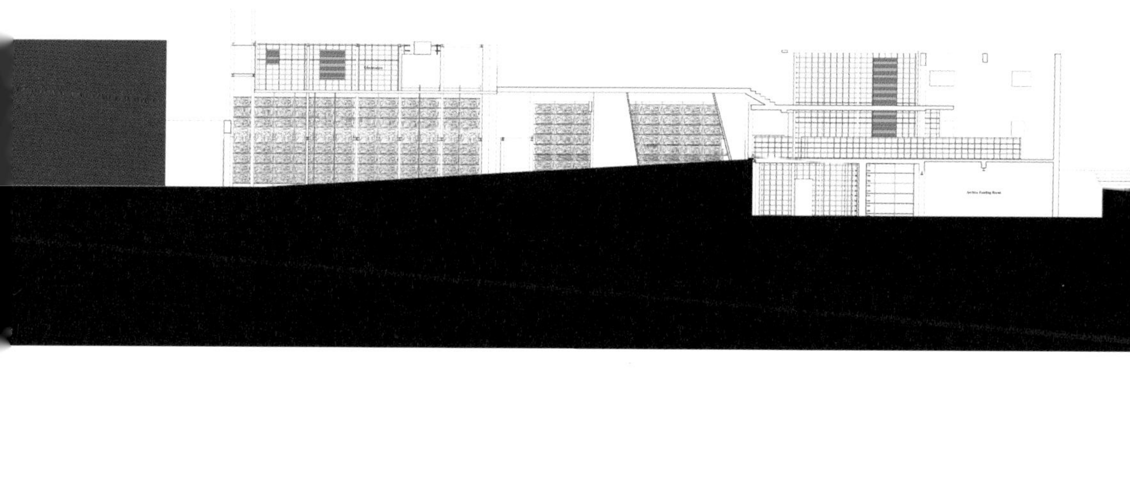

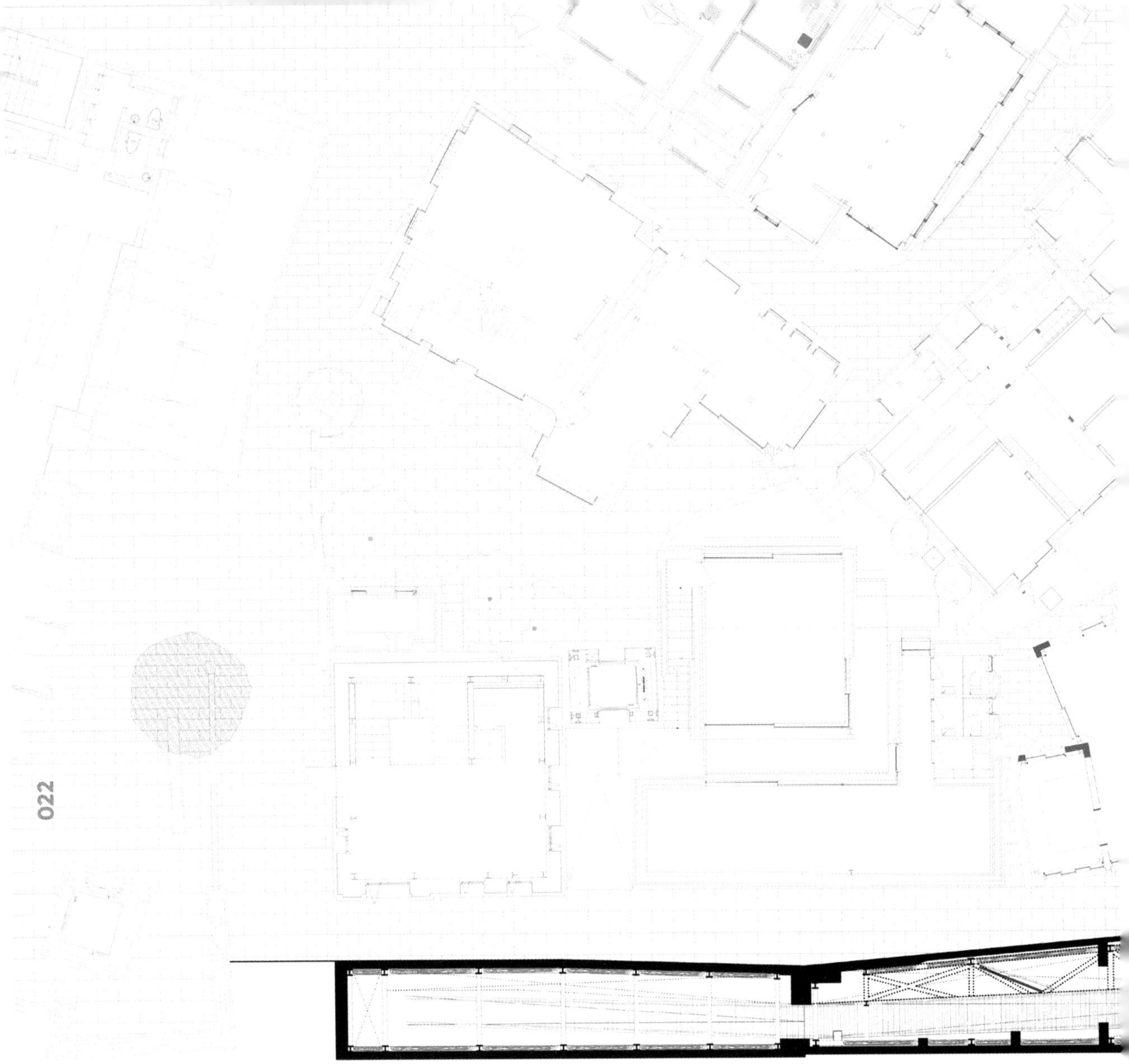

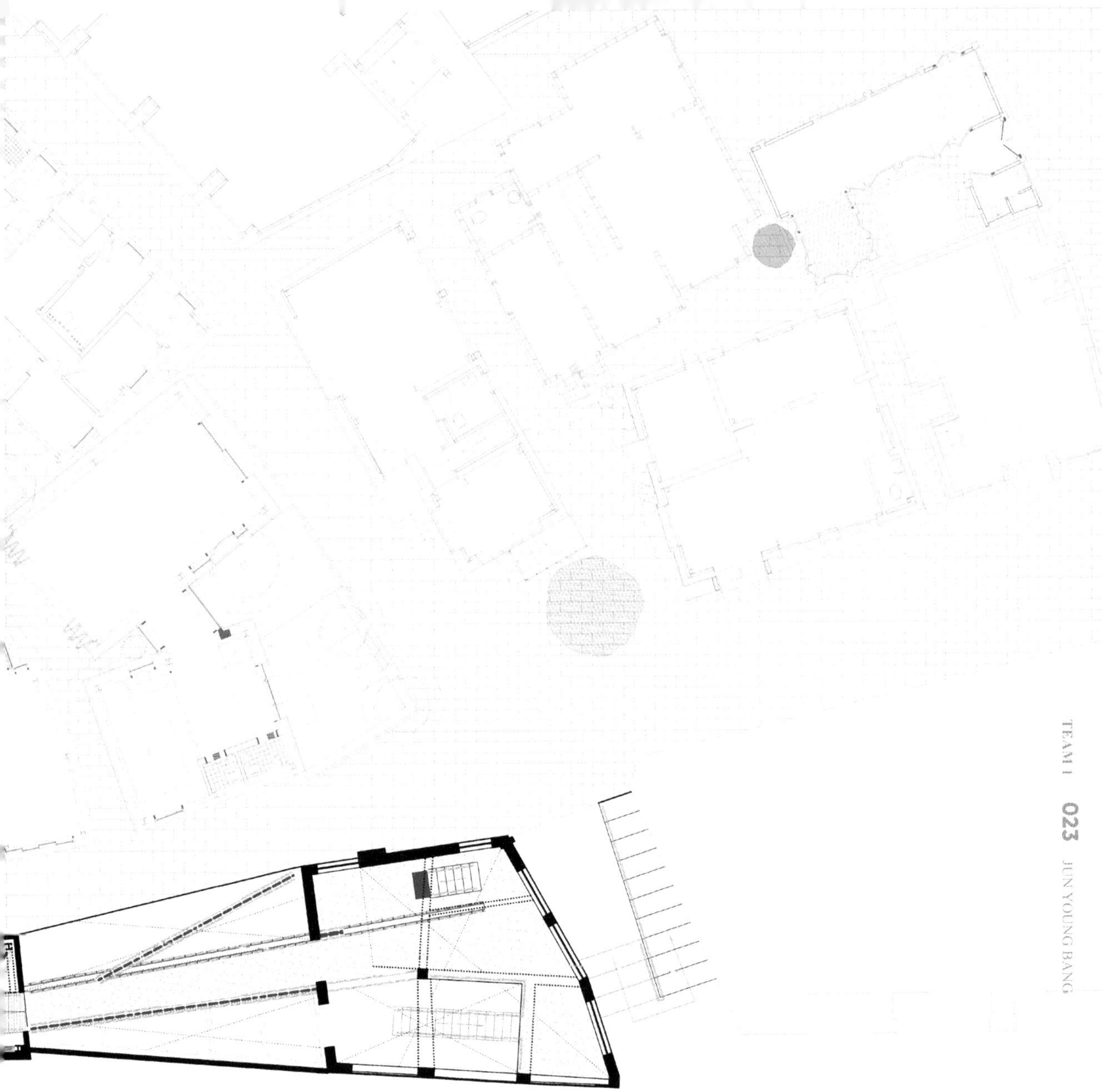

2F PLAN: GL +3800

First of all, the current 'Donuimun Museum Village' needed to be recognized as 'a whole place'. This is because each of the various fragments remaining on the site is not valuable enough to survive in the city, but eventually they acquire its value of existence by gathering in one place. However, in the current case, except for operational aspects such as administration and programs, this role was absent, so the power of the village was somewhat insufficient to withstand the waves of the city. Therefore, a kind of architectural/spatial action that connects the entire village into one was required.

The clue and starting point for this is the road that crosses Donuimun Museum Village from north to south. The site is located at the intersection of Jeongdong-gil and Saemunan-ro, represented by the historical and urban axis, respectively. Looking at the historical records of the past, it can be seen that the road formed an axis from Deoksugung Palace to Inwang Mountain through Gyeonghuigung Palace as part of Jeongdong-gil, and was first formed on the site and served as the main path to define the village. However, as the Saemunan-ro in between continued to expand with urban logic, the axis tended to be gradually cut off.

In addition, it is possible to see a clear difference in the character of the village spaces on both sides of the road. In the case of the east side, it was already divided into small parcels in the past, so it showed a natural and irregular appearance, while in the case of the west side, the development proceeded at once later and took the form of a large and straight parcel. In conclusion, this road was interpreted as the most important road to cover the entire site, and by using this, it was intended to reconnect and emphasize the historical axis cut off by the urban axis.

As a result, I proposed a new way to experience and interpret the Donuimun Museum Village architecturally. Largely, the movement along the historical axis is induced through an architecturally constructed path. At the same time, various spaces are derived from this. They are specialized in the context of the village in which each corresponds, and are intended to enable an unfamiliar and unique experience. This structure across the village functions as a kind of platform that delicately ties the entire village together. Also, finally, it will serve as a medium and a guideline for establishing a relationship with the surrounding city so that the Saemunan Village will not disappear in the future.

우선 현재의 돈의문박물관마을은 '하나의 장소'로서 인식될 필요가 있었다. 이는 사이트에 잔재하는 여러 파편들 각각이 도시에서 살아남을 만큼의 가치를 그 자체로 지니지는 않으며, 결국에는 그것들이 한 장소에 모임으로써 존재 가치를 획득하기 때문이다. 그러나 현재의 경우, 행정이나 프로그램 같은 운영적 측면을 제외하고는 이러한 역할이 부재하여 도시의 파도를 견뎌내기에는 마을이 가진 힘이 다소 부족했다. 따라서 마을 전체를 하나로 엮어내는 일종의 건축/공간적 장치가 요구되었다.

이를 위한 단서이자 출발점으로 주목한 것은 바로 돈의문박물관마을을 남북으로 가로지르는 길이다. 사이트는 각각 역사축과 도시축으로 대표되는 정동길과 새문안로가 교차하는 지점에 위치해있다. 그리고 과거 사료들을 통해 해당 길이 정동길의 일부로서 덕수궁부터 경희궁을 거쳐 인왕산까지 다다르는 축을 이루었으며, 사이트 내에 가장 먼저 형성되어 마을을 정의하는 주요 길로서 역할했음을 파악할 수 있었다. 그러나 그 사이에 놓인 새문안로가 도시 논리와 함께 계속해서 확장되면서 그 축이 점차 단절되는 경향을 보였다.

또한, 해당 길을 기준으로 양옆 마을 공간의 성격에 있어서도 확연한 차이를 확인할 수 있다. 동측의 경우는 과거에 이미 자그마한 필지로 나누어져 있어 자연적이고 불규칙적인 모습을 보이는 반면, 서측의 경우는 이후에 단번에 개발이 진행되면서 큼지막하고 직선적인 필지 형태를 띠게 되었다. 결론적으로 이 길이 사이트 전체를 아우르는 가장 핵심적인 길이라고 해석하였고, 이를 활용함으로써 도시축에 의해 단절된 역사축을 다시금 이어 강조하고자 하였다.

결과적으로 돈의문박물관마을이라는 장소를 경험하고 해석할 수 있는 새로운 방식을 건축적으로 제안하였다. 크게는 건축적으로 구축된 길을 통해 역사축을 따라가는 동선을 유도하였다. 그와 동시에 이로부터 양옆으로 다양한 공간들이 파생된다. 이들은 각각이 대응하는 마을의 컨택스트에 특화되어, 그에 대해 낯설면서도 고유한 경험이 가능하도록 의도되었다. 마을을 가로지르는 이 구축물은 마을 전체를 하나로 정교하게 묶는 플랫폼으로서 기능한다. 또한, 마지막으로 이는 앞으로도 새문안마을이 그대로 방치되어 사라지지 않도록 주변 도시와 관계를 맺는 일종의 매개체이자 가이드라인이 되어줄 것이다.

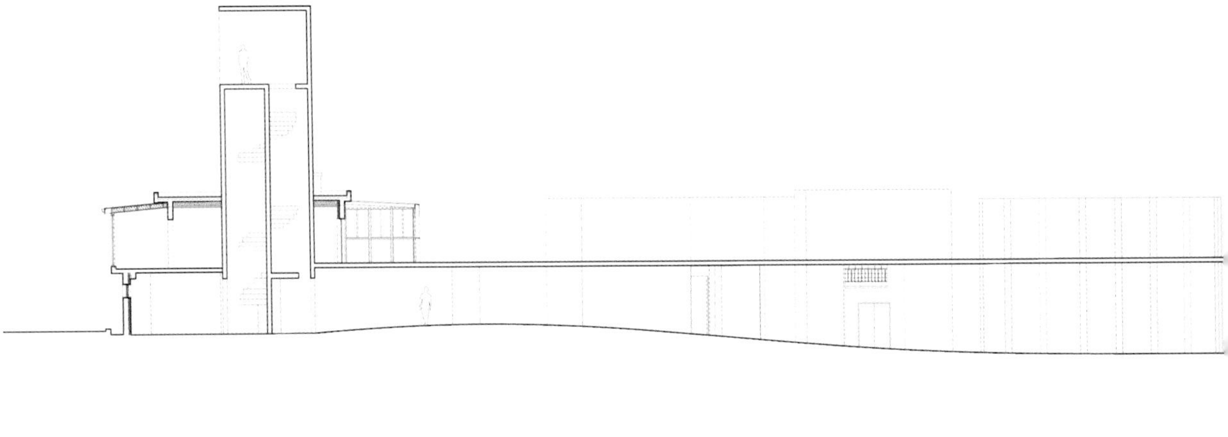

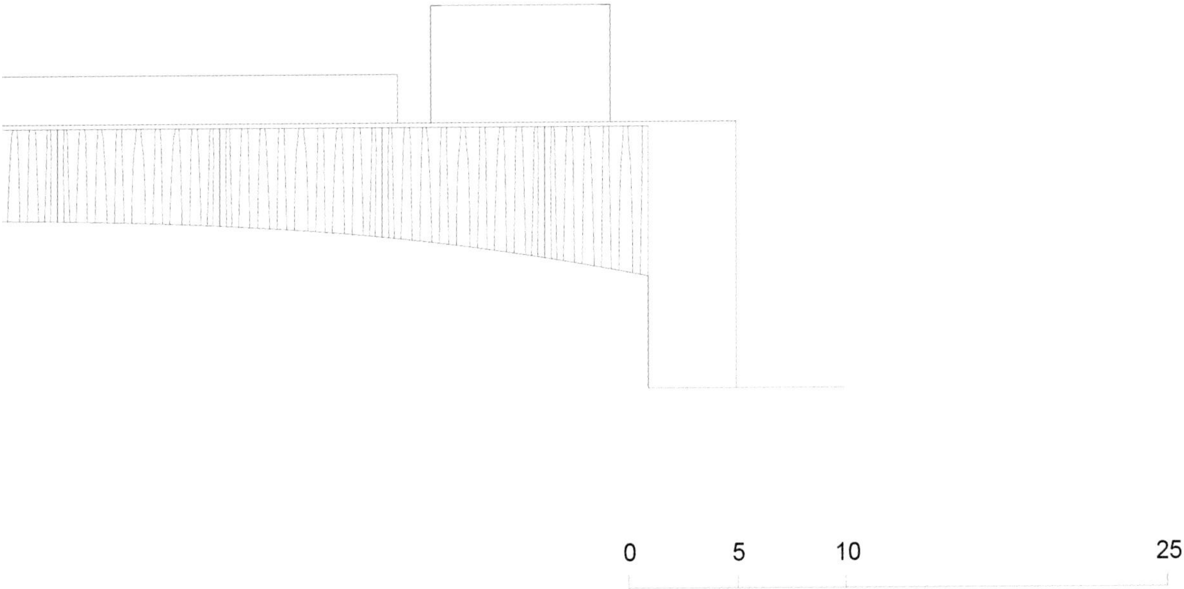
0
5
10
25

0
5
10
25

8
7
5

1. Entrance
2. Removal: Cut-Ground
3. Removal: Complete-Skin
4. Reversal: Two-Faces
5. Courtyard
6. Cutting: Inside-Flesh
7. Cutting: Foot-Print
8. Splitting: Wrongful-Meeting

서울도시건축센터

대상지는 돈의문 마을의 가장자리에 위치하며, 왕복 8차로의 신문로와 접해 있다.
신문로를 기준으로 북측과 남측은 서로 다른 성격을 지닌다.
북측, 즉 돈의문 마을에는 작고 토속적인 조직이 형성되어 있는 반면, 남측에는 정동길과 대형 오피스 건물들이 자리하고 있다. 대상지의 기존 건물은 이러한 상반된 두 맥락을 잇는 위치에 있으며, 4~6m 정도의 레벨 차이를 극복하며 도시와 마을을 매개하고 있다.

The site is located on the periphery of Donuimun Village, bordering the eight-lane Sinmun-ro. The northern and southern sides of Sinmun-ro exhibit distinct characteristics.
The northern side, representing Donuimun Village, consists of small-scale, vernacular structures, while the southern side is lined with Jeongdong-gil and large office buildings.
The existing building on the site serves as a mediator between these contrasting contexts, bridging a level difference of approximately 4 to 6 meters.

대상지로 향하는 길에 등장하는 건물들은 각기 다른 방식으로 인상을 남긴다. 어떤 건물들은 면과 형태로 뚜렷하게 드러나고, 또 어떤 건물들은 전신주, 가로수, 간판의 여러 겹에 가려지거나 기하학적인 패턴을 내세우기도 한다.
그렇다면 이 건물들은 우리의 기억 속에 어떻게 남을까? 시간이 흐름에 따라 건물의 존재는 흐려지고, 의도와는 전혀 다른 이미지로 남게 되는 것은 아닐까?

As one approaches the site, the buildings along the path appear in various ways, leaving different impressions. Some emerge distinctly with their surfaces and forms, while others are obscured by overlapping layers of utility poles, street trees, and signage or assert themselves through geometric patterns. How, then, do these buildings remain in our memory?
Do they fade over time, leaving behind impressions that are entirely different from their original intent?

TEAM 2
Mediated Edge

Footprints of Saemunan
조경진

Urban Collage: Westward Archive
신준규

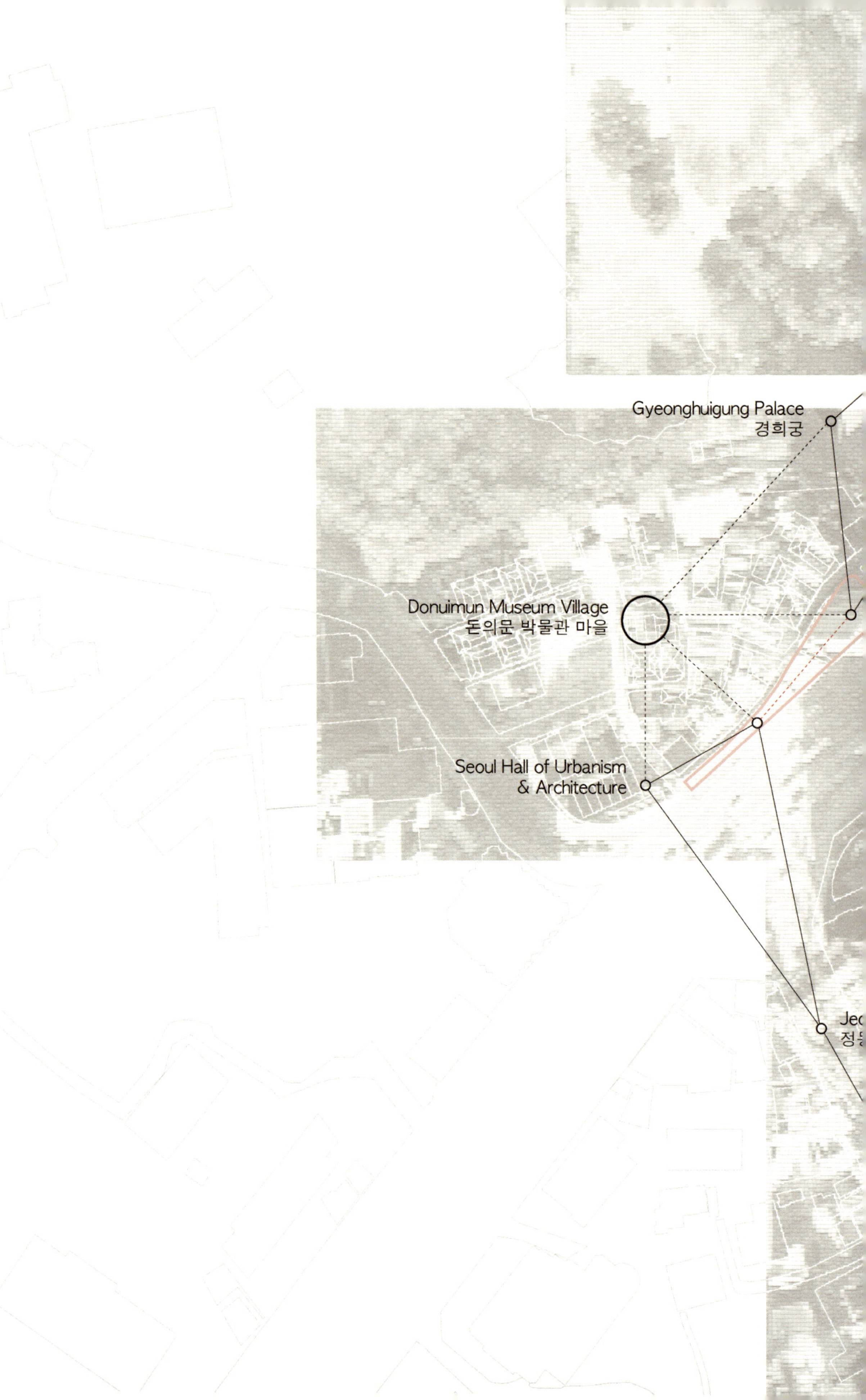
Gyeonghuigung Palace
경희궁
Donuimun Museum Village
돈의문 박물관 마을
Seoul Hall of Urbanism
& Architecture

Seoul Museum of History
서울역사박물관
Seoul Museum of Art
서울시립미술관
Deoksugung Palace
덕수궁

A

Nonghyup Bld.

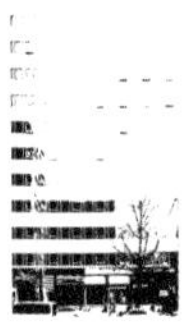
Chung-Yang Bld.

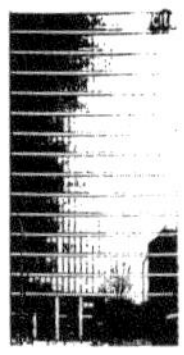
Citi

LG Gwanhwamoon Bld.

Nonghyup Bld. 2

Starsix Jeongdong

B

no-name

no-name

no-name

no-name

no-name

C

4.19 Memorial Library

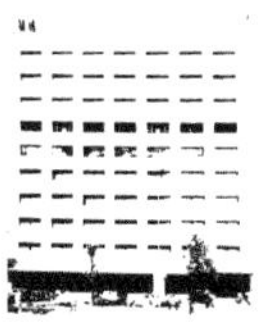
Samsung Hospital 1

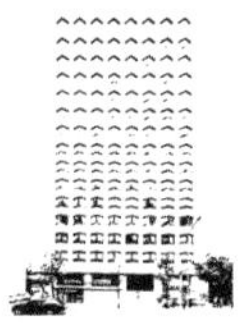
Samsung Hospital 2

no-name

Peersun Bld.

Munwha-ilbo

A

Fish bone

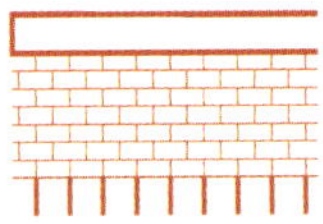

Hive

B

Fuel

Ghost

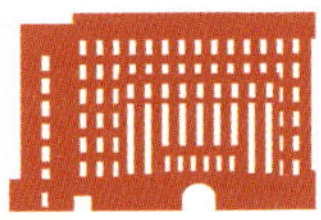

Elephant

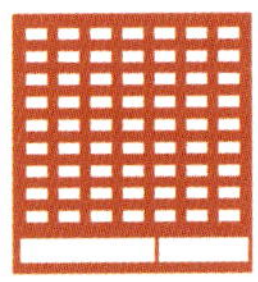

Oreo

Chocolate

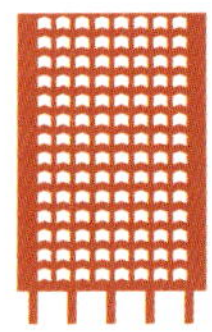

Cheese Grinder

C

Cathedral

TV

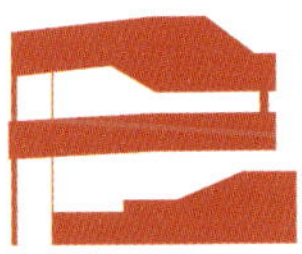

Dr. Strange

Trash can

D

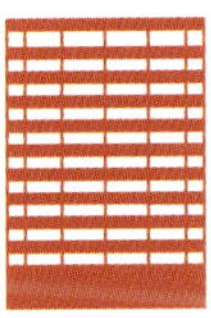

Bird Cage

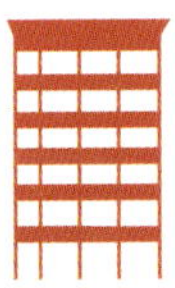

Basketball Net

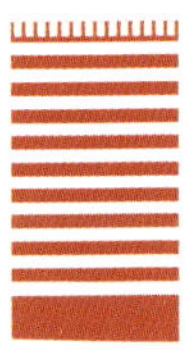

Christmas Socks

Snail

Behind the site, small, individual buildings constructed between the 1950s and 1970s are situated. Some of these expose their rear facades toward the site. These buildings have actively embraced the unique shapes of their plots, reflecting vernacular forms.

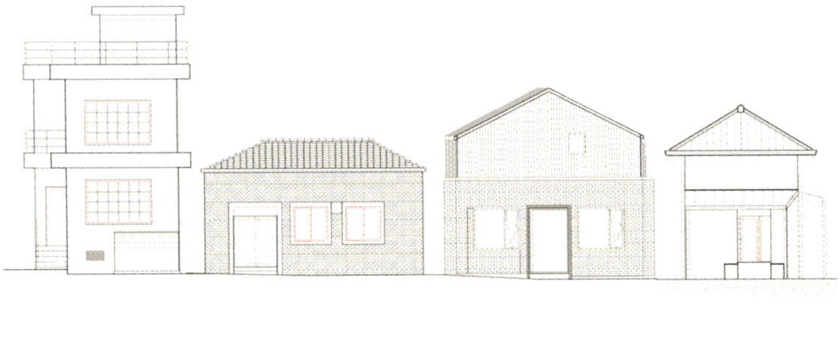

대상지의 뒤편에는 1950~1970년대에 지어진 작고 개별적인 유형의 건물들이 자리하고 있다. 이 중 일부는 대상지를 향해 배면을 드러내고 있다. 이러한 건물들은 토속적인 형태의 필지 위에 위치하며, 필지 고유의 형태를 적극적으로 받아들였다.

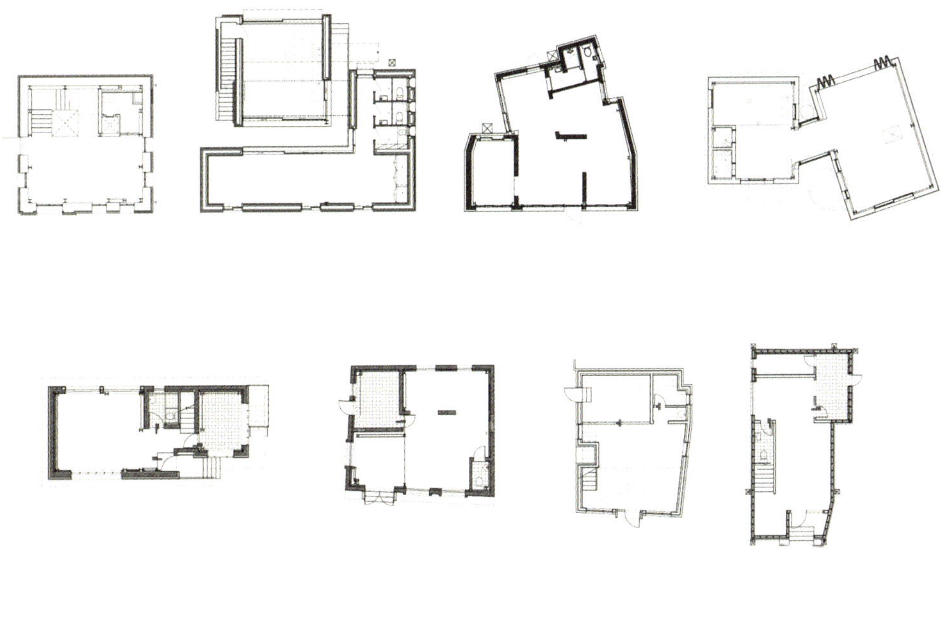

The site does not distinctly represent or fully serve either the city or the Donuimun Museum Village; rather, it exists as a space where both contexts are interwoven.
As a result, Donuimun Village is left not as a preserved space but as an "undeveloped" or "left behind" area that also fails to fully accommodate the needs of the modern city. By organizing these two intertwined contexts, what needs to be preserved can be properly maintained while ensuring the city remains engaged with its urban fabric.

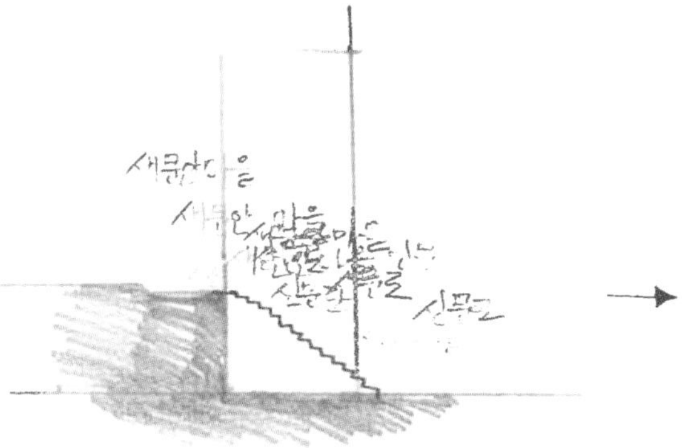

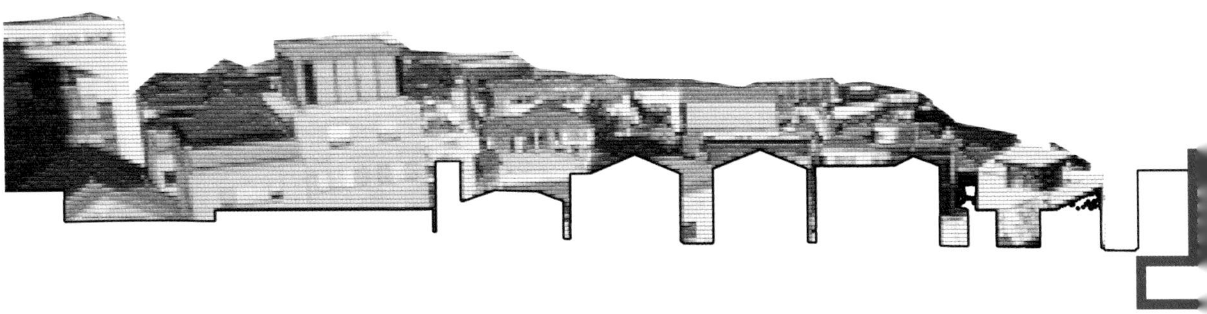

Saemunan Village

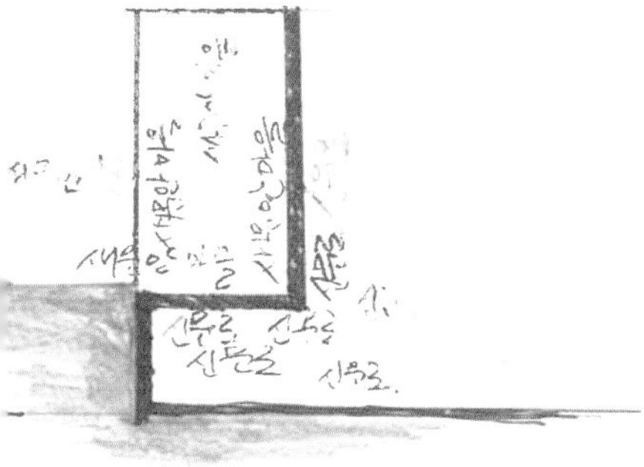

대상지는 도시와 돈의문 박물관 마을 어느 한 쪽을 뚜렷하게 대표하거나 뒷받침하지 않으며, 두 가지 맥락이 혼재된 공간이다.
이로 인해 돈의문 마을은 보존된 장소라기보다 미개발된, 혹은 뒤처진 공간으로 남겨지고 있으며, 동시에 현대 도시가 요구하는 기능을 완벽하게 수용하지도 못하고 있다. 이 두 가지 얽힌 맥락을 정리함으로써, 보존해야 할 것은 적절히 보존하면서도 도시와의 관계 속에서 균형을 맞출 수 있을 것이다.

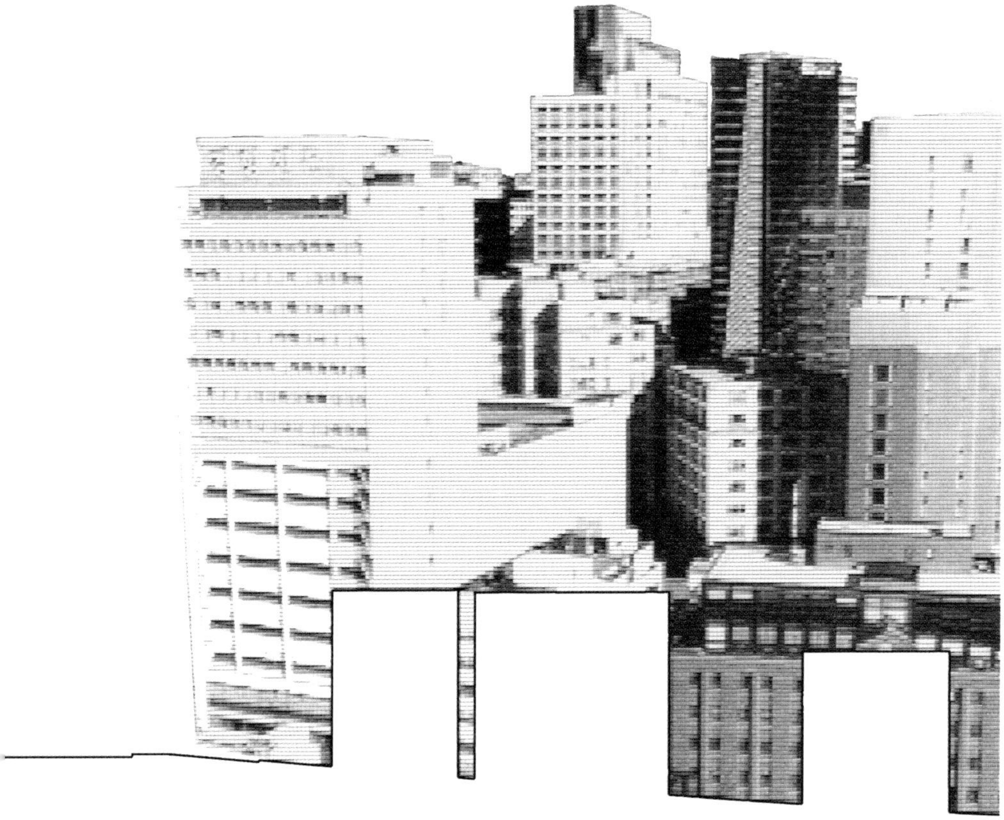

Sinmun-ro

In this context, we saw the potential to use thick facades as a means of negotiating between the city's visual impression and Donuimun Village's specific needs. Additionally, we found the irregular angles, derived from the unplanned and vernacular plot shapes, to be intriguing.

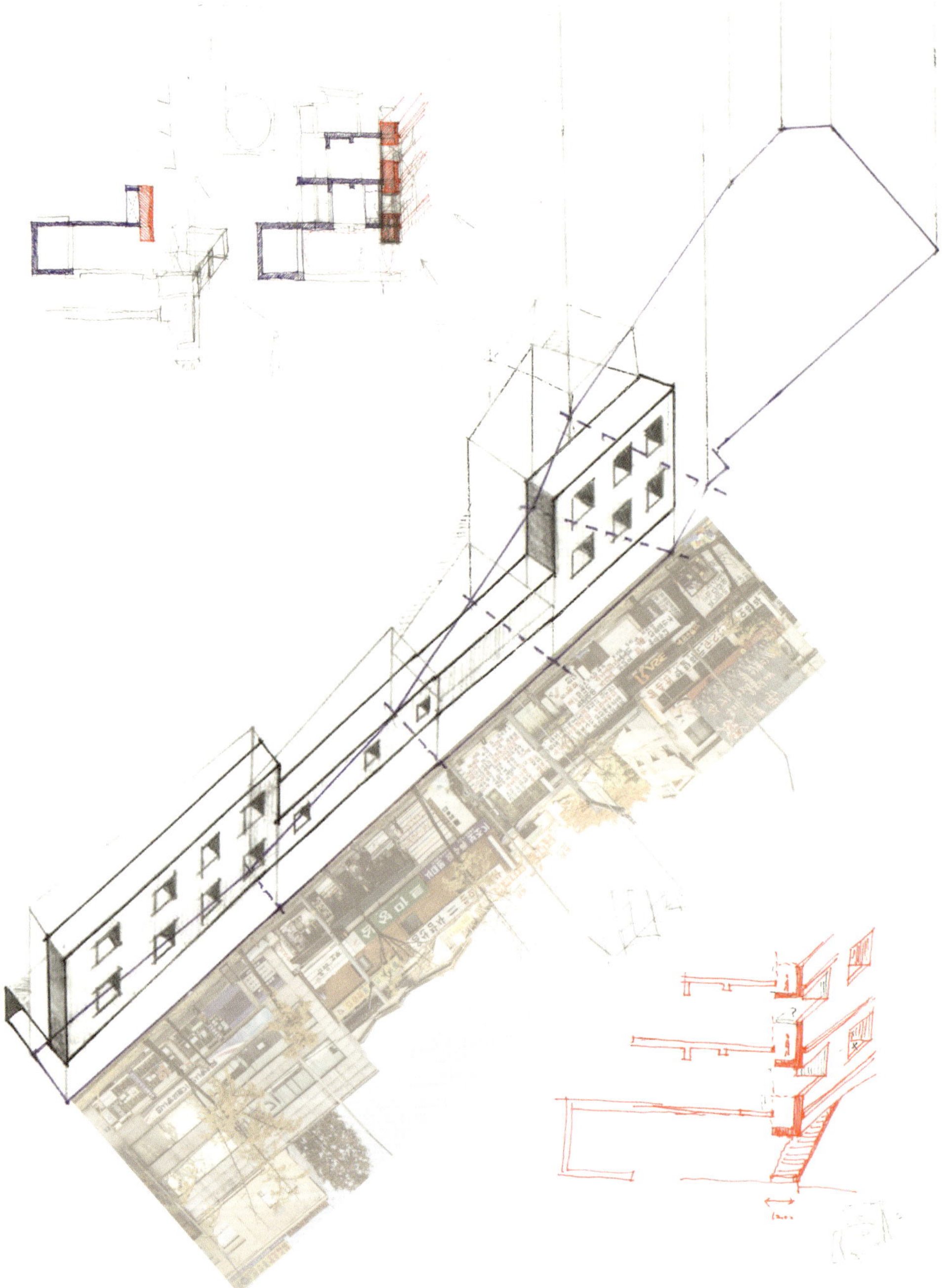

이러한 맥락에서 우리는 두꺼운 입면을 통해 도시적 인상과 돈의문 마을이 필요로 하는 요소들을 조율할 가능성을 발견했다. 또한, 계획되지 않은 필지와 토속적인 필지 형태에서 비롯된 이형의 각을 흥미롭게 바라보았다.

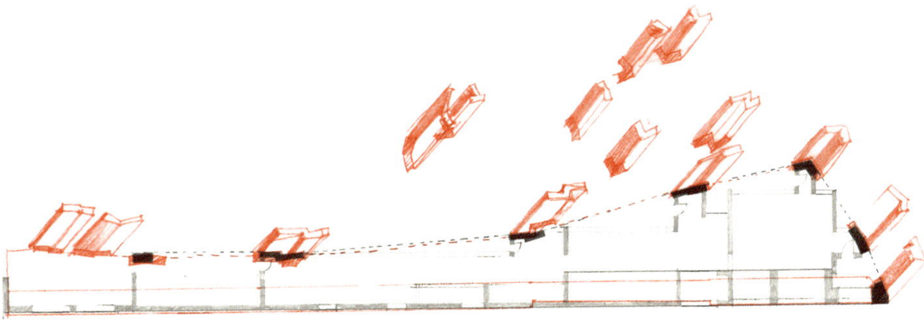

새문안의 발자국을 따라가며

새문안 경희궁 담장, 한양도성, 신문로라는 세 개의 뚜렷한 경계로 구획된 장소이다. 이 경계 속에서 이곳은 단순히 자생적인 공간이 아닌, 경계 밖의 욕구를 수용하는 역할을 해왔다. 명문 중 고교가 있던 시절에는 과외방이, 주변에 대규모 오피스 건물이 들어섰을 때에는 식당이 되었고, 동시에 주민들의 삶의 공간이기도 했다. 한정된 공간에서 다원적인 요구를 해결하기 위해 새문안은 쪼개지고 쪼개는 방식으로 대응해왔다. 가정집이던 집의 일층을 과외방으로 쓰고, 화장실을 분리해 더 작은 화장실 두개로 만들고, 거실을 쪼개 식사할 수 있는 공간을 만들었다. 그리고 분할의 흔적들은 공간에 고스란히 남아, 반유니버설한 형태로 뿌리내리게 된다. 이것은 마치 발자국처럼 남아 그 위에서 어떤 삶이 있었는지 우리에게 전달해준다.

본 프로젝트의 목표는 새문안 마을과 도시의 경계부에 위치한 대상지에서, 발자국과도 같은 새문안의 특징을 도시를 마주하는 표피로 끌어내고자 함이다. 이를 통해 멈춰 세워진 박물관이 도시와 당당히 관계맺음으로써 그 생명력을 다시 회복하고자 한다.

Footprints of Saemunan

Saemunan is defined by three boundaries: Gyeonghuigung Palace wall, Seoul Fortress, and Sinmun-ro. This site has evolved to accommodate external demands, from private tutoring rooms during its school era to restaurants serving nearby offices, while also remaining a residential space. Through continuous division and adaptation, traces of these transformations have become ingrained, reflecting the lives that once flourished here.

This project aims to highlight Saemunan's footprint-like characteristics by integrating them into the boundary facing the city, revitalizing the static museum through active engagement with the urban context.

새문안 마을과 도시의 경계부에 위치한 대상지에서, 발자국과도 같은 새문안의 특징을 도시를 마주하는 표피로 끌어내고자 했다. 작게 분절된 입면이 도시에 드러나고, 모자이크 같은 장면 속 사람들의 움직임이 노출된다. 한편, 뒤쪽으로는 네개의 거실을 통해 마을과 적극적으로 관계 맺는다.

At the site located on the boundary between Saemunan Village and the city, the project seeks to bring Saemunan's footprint-like characteristics to the urban-facing facade. A fragmented facade is revealed to the city, exposing the movements of people within a mosaic-like scene. Meanwhile, the rear actively engages with village through four living rooms.

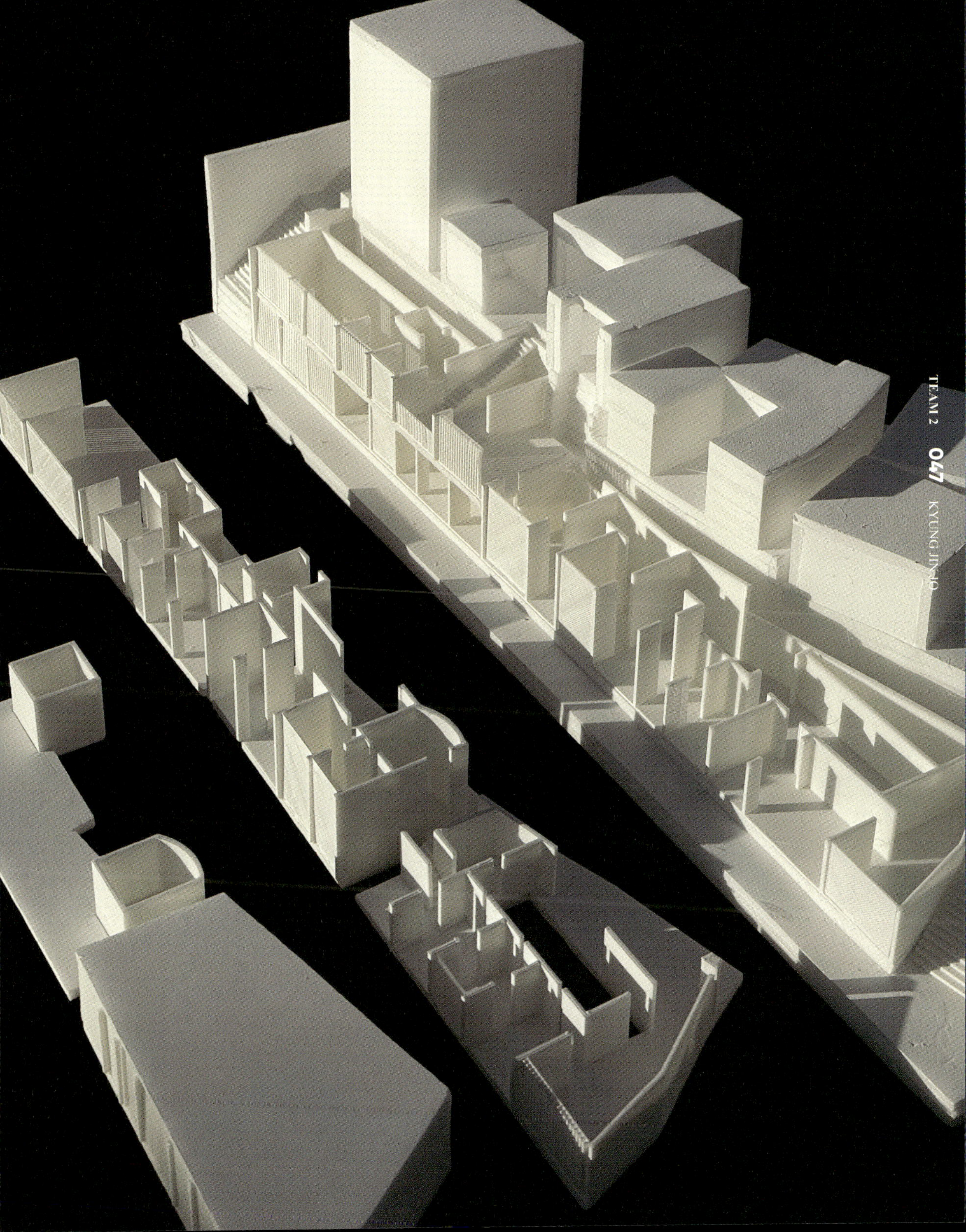

새문안을 둘러싼 세개의 경계(左) / 새문안의 발자국(右)
Three Boundaries Surrounding Saemunan (Left)
Footprints of Saemunan (Right)

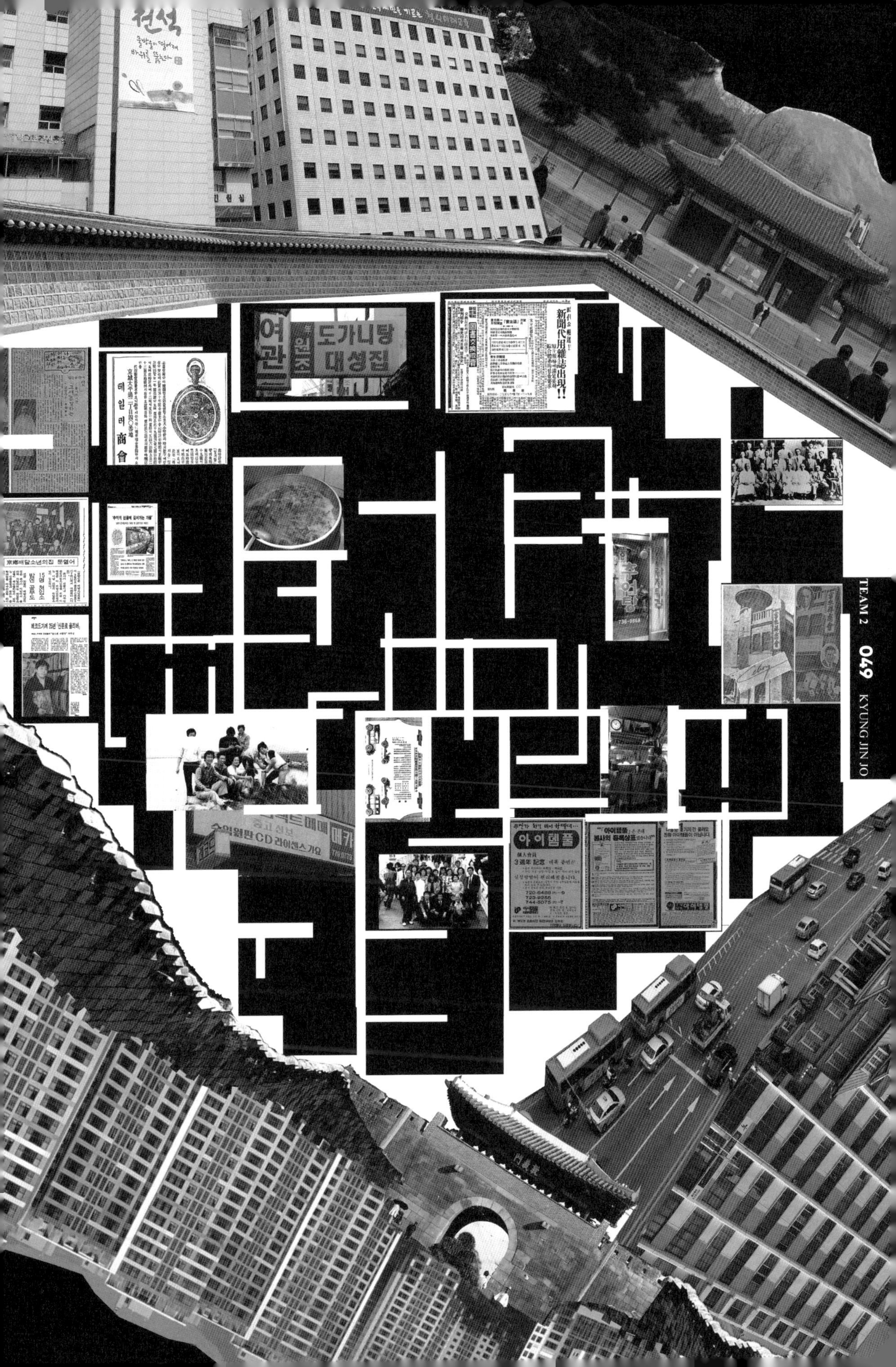
여관
도가니탕
대성집
新聞代用雜誌出現!!
테일러
商會
京鄕배달소년의집 문열어
아이템풀
3週年 記念
CD 라이센스가요
736-0868

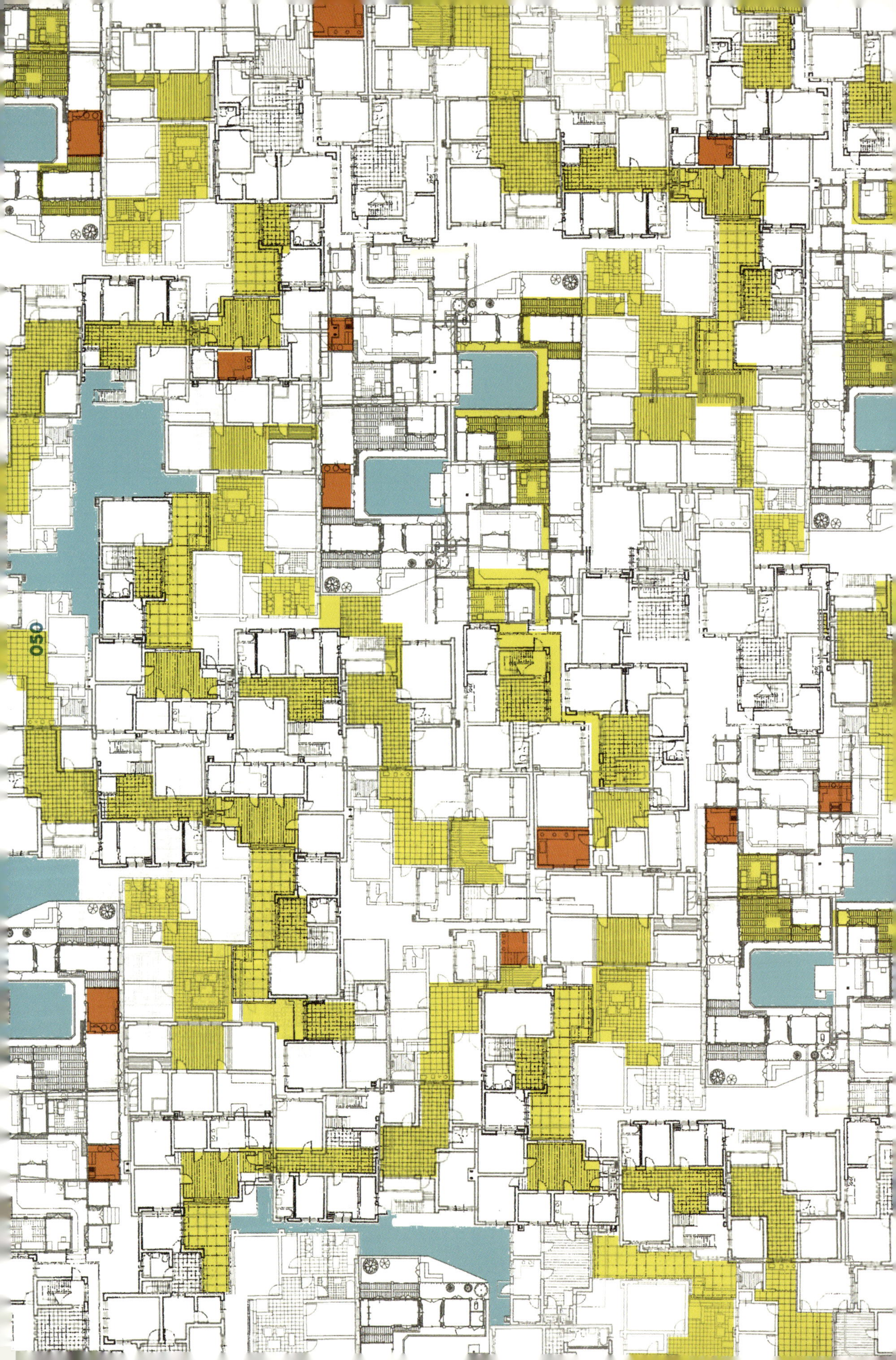

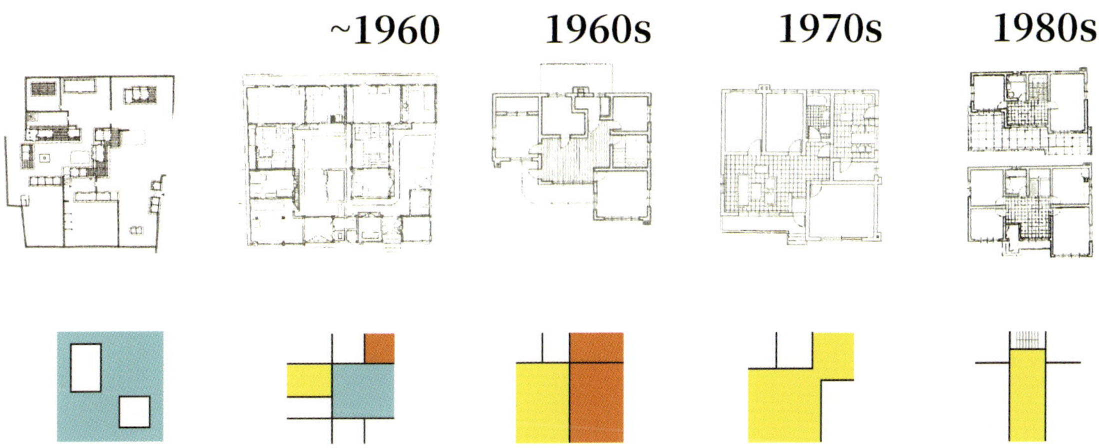

전통한옥
Traditional Hanok

도시형한옥
Urban Hanok

'ㅋ'자반겹집
'ㅋ' Shaped House

불란서주택
French-style House

2층주택
Two-story House

새문안 주택들의 근간이 되는 평면의 유형은 시대 전형에 따른 기능적 분화에 관한 내용을 담고 있다.

The layout types underlying Saemunan houses reflect functional divisions based on the archetypes of their era.

새문안 마을을 분할하던 내벽들은 대상지에 와서 추상화되고 끝내 표피에 붙는다.
깔끔한 도시면과 해체된 새문안면은 대조를 이룬다.

The interior walls that once divided Saemunan Village are abstracted at the site and ultimately affixed to the facade. The contrast between the clean urban-facing surface and the fragmented Saemunan side is striking.

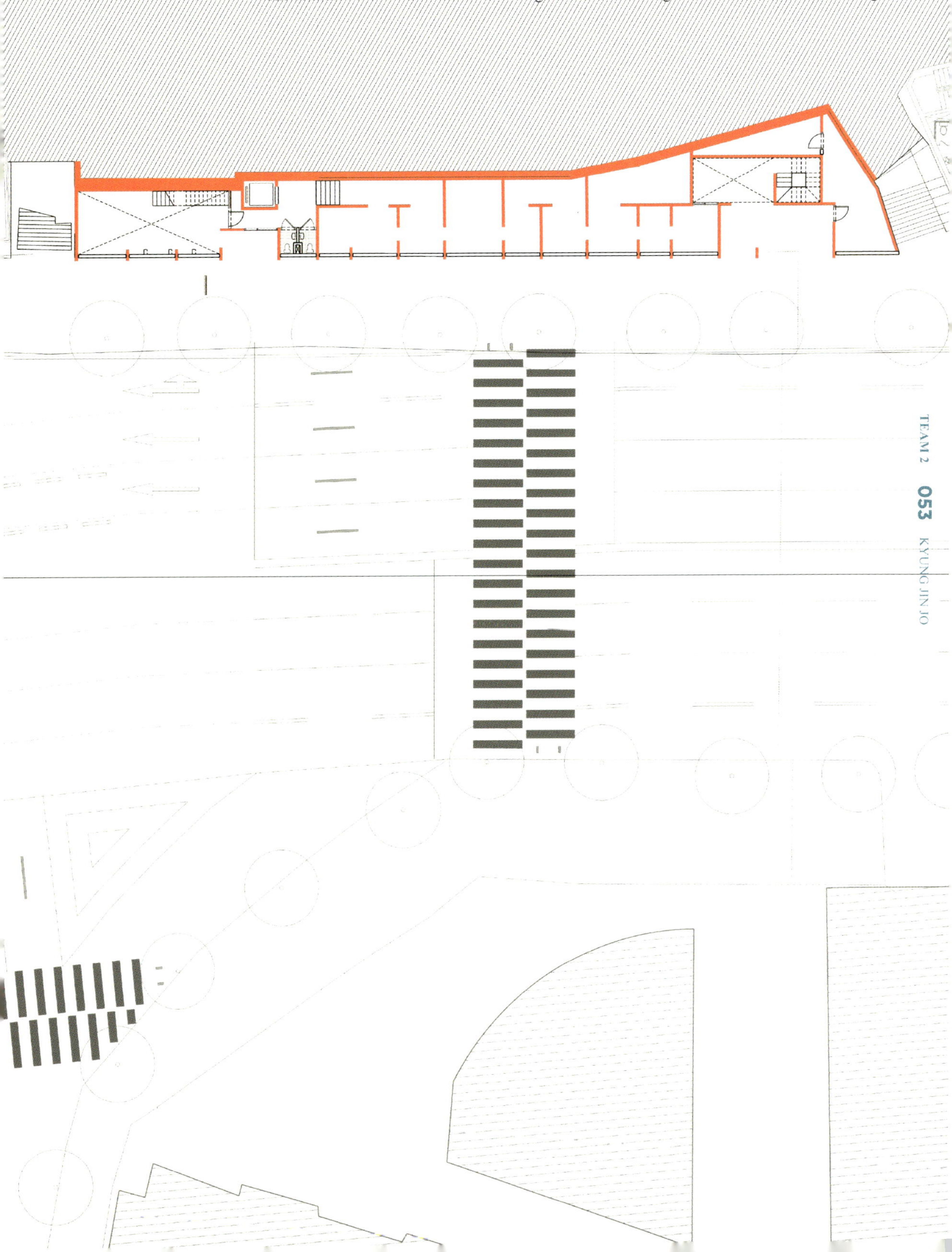

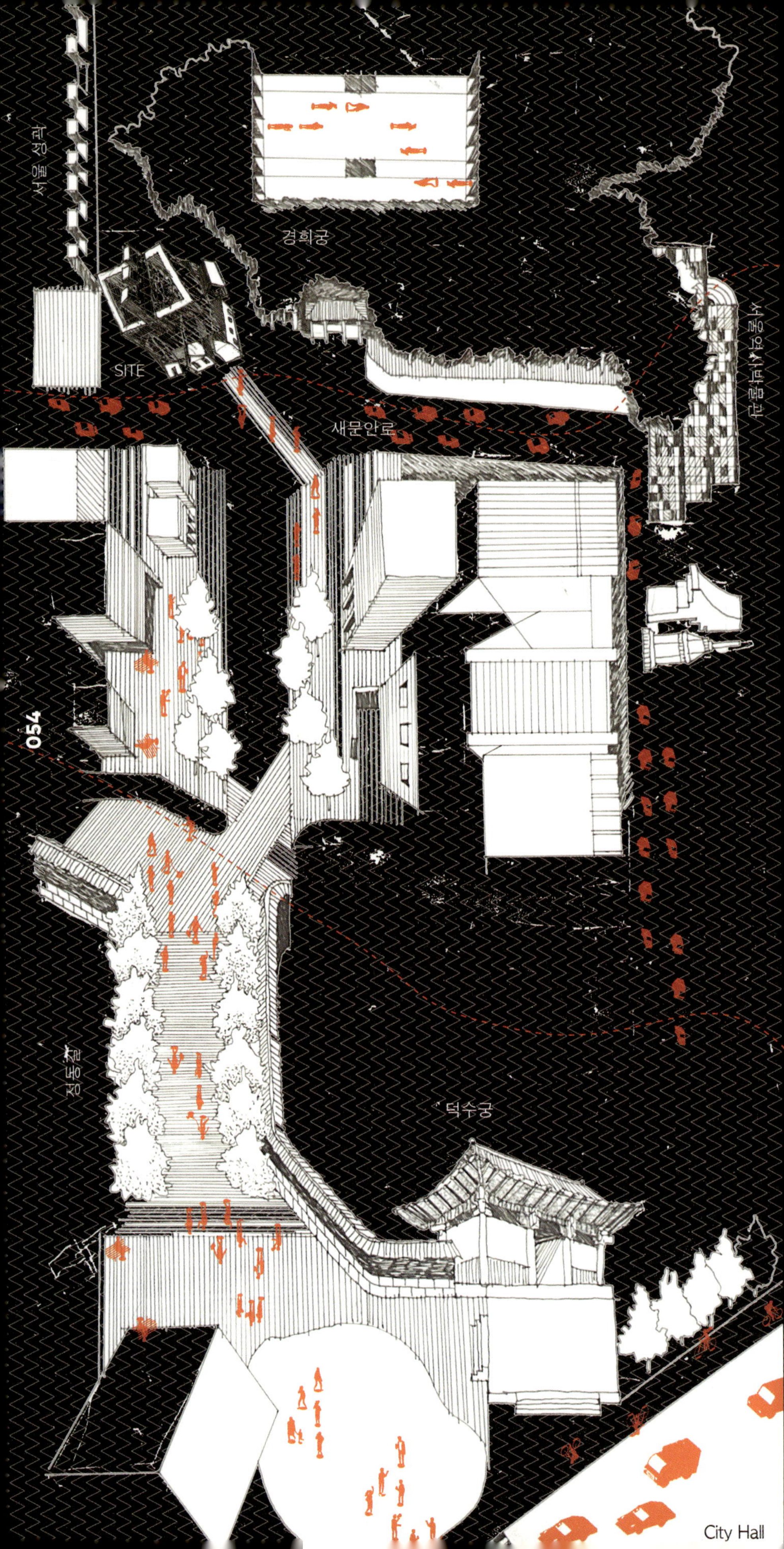

원경

서울의 서쪽 성곽

중경

정동길

근경

돈의문 마을

Worm's eye view

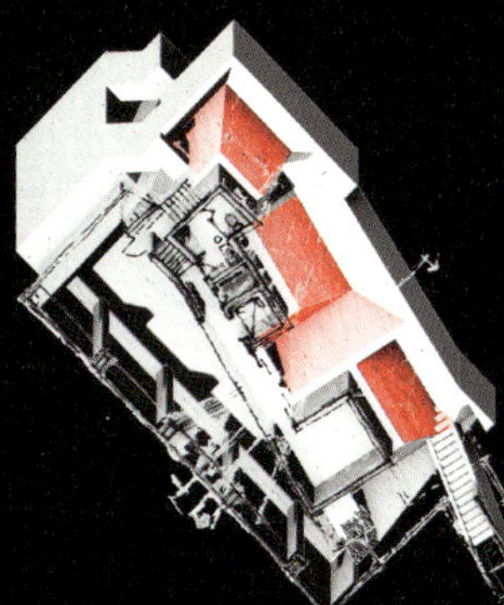

Urban Collage

대지는 서로 대비되는 맥락을 마주하고 있다. 남쪽으로는 정동길을 따라 덕수궁과 서울시립미술관과 연결되며, 북쪽으로는 새문안로를 따라 경희궁과 서울역사박물관으로 확장된다. 서측에는 도심의 옛 도시 조직이 남아 있는 돈의문박물관마을이 자리하고 있다. 프로젝트는 돈의문박물관마을에 대한 리서치로부터 시작되어, 보존과 도시 변화의 교차점에 서 있는 아카이브를 중심으로 한다.

디자인 접근 방식은 '켜(Layers)'로 개념화되었으며, 대지에 축적된 공간적 · 시간적 층위를 드러내는 것을 목표로 한다. 돈의문 마을의 공간적 조직, 정동길, 그리고 서울 성곽이라는 복합적인 맥락을 포괄하고 이를 충실히 반영함으로써, 그 자체로서 구조물의 서사가 되도록 한다. 아카이브에는 다양한 도시의 켜가 중첩되면서 대지의 해석과 경험을 가능하게 한다. 이는 근경(Foreground), 중경(Middle Ground), 원경(Background)을 '켜'의 차원에서 구분하고 맥락화하는 방식으로 이루어졌다.

근경(Foreground)은 마을의 공간적 질서가 스며들도록 설계되었다. 과거 마을을 형성했던 사라진 주택들의 부재를 중첩시킴으로써, 돈의문 마을의 경험이 저층부의 보이드로 확장된다.

The site faces contrasting contexts on both sides. It connects to Deoksugung Palace and the Seoul Museum of Art along Jeongdong-gil and extends toward Gyeonghuigung Palace and the Seoul Museum of History along Saemun-ro. To the west, the Donuimun Museum Village preserves remnants of the city's old urban fabric. The project begins with critical research on Donuimun Museum Village, focusing on an archive that stands at the intersection of preservation and urban transformation.

The design approach is conceived as 'layers,' aiming to reveal the spatial and temporal strata accumulated on the site. By embracing and thoroughly reflecting the mixed contexts of Donuimun Village's spatial organization, Jeongdong-gil, and the Seoul City Wall, the structure itself embodies these elements. As a result, the archive allows for multiple interpretations and experiences through the overlapping of various urban layers. The methodology involves distinguishing and contextualizing the foreground, middle ground, and background as layers.

The **foreground** is designed to allow the spatial order of the village to permeate the site. By overlapping the absence of disappeared houses that once formed the village, the experience of Donuimun Village extends into the lower floors as voids.

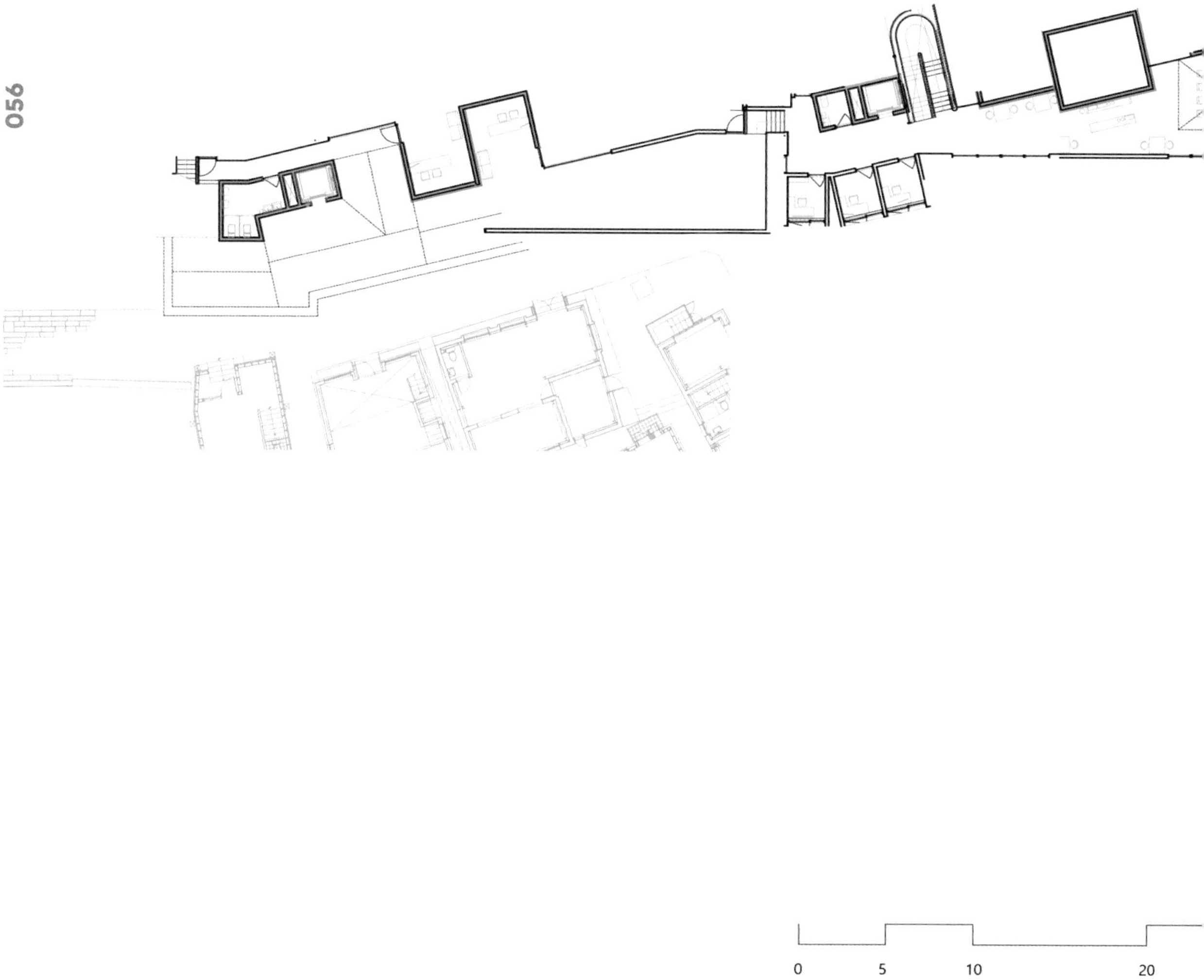
0
5
10
20

디자인은 이러한 특성을 점진적으로 확장되는 아카이브 공간으로 해석하였다.
하부층은 공공 공간이 우세하게 조성되며, 위로 올라갈수록 아카이브 중심의 공간으로 전환되도록 했다.
이를 통해 공허부가 지속적으로 변화하게 된다.

The design extends this quality through gradually expanding archive spaces, ensuring that public spaces dominate the lower floors while transitioning into archive-dominated spaces as one moves upward.
This approach accommodates the ever-changing conditions of the void, allowing flexibility in use over time.

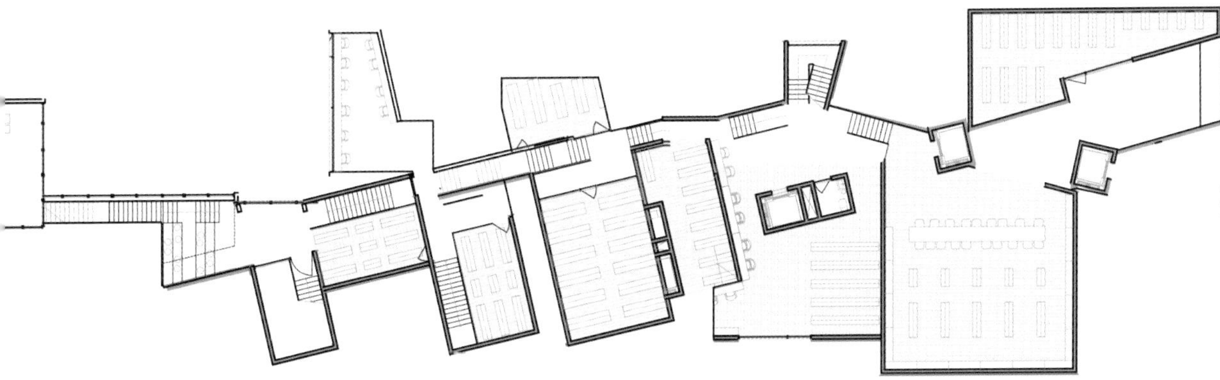

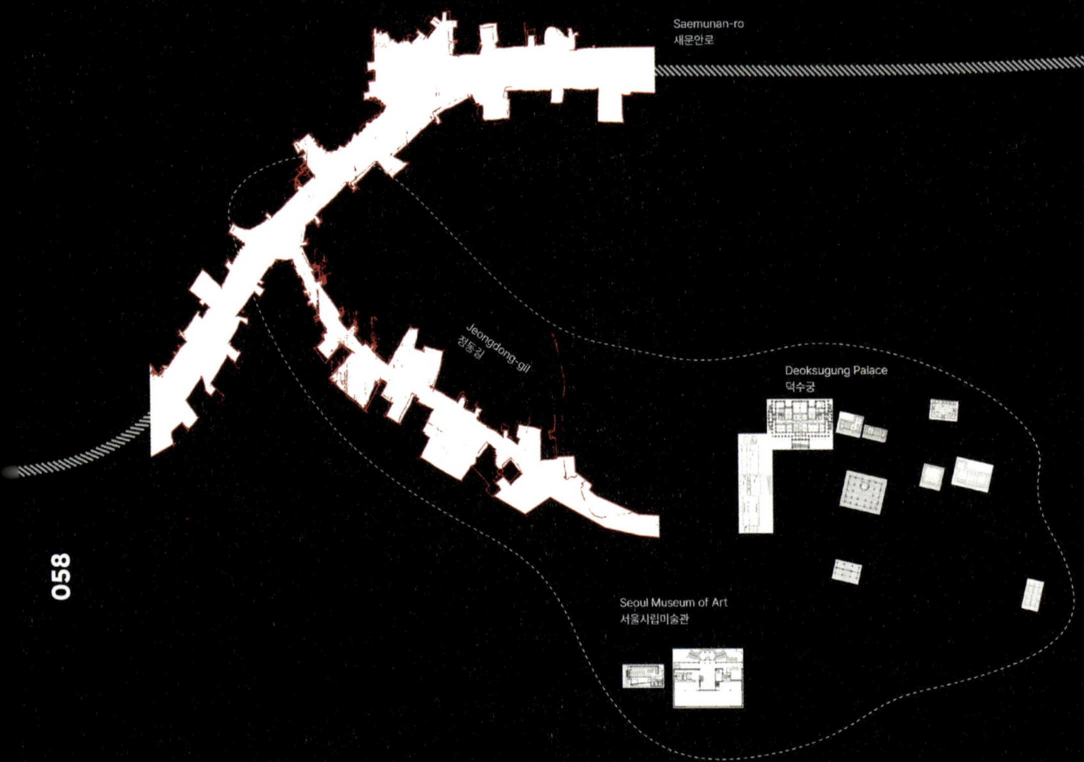

공허부

중경(Middle Ground)은 정동길이 지닌 독특한 공간적 특성을 반영한다.
이곳에서는 도시의 켜가 특히 뚜렷하게 드러나며, 느슨하게 정의된 공간들이 거리의 다양한 깊이를 형성하고, 역사적 건축물의 파사드는 공허부르 강조하는 특징을 가진다.

The **middle ground** is shaped by the unique spatial characteristics of Jeongdong-gil, where urban layers are particularly visible. Loosely defined spaces create varying depths along the street, and the facades of historic buildings are characterized by their prominent voids.

원경(Background)은 대지의 역사적 맥락을 고려하여 서대문이 위치했던 장소로 해석된다.
서대문은 과거 서울 도심을 형성했던 성곽의 일부였으나 현재는 사라진 상태이다. 아카이브의 상부 공간은 원래 성곽이 있던 선을 따라 열려 인왕산과 경희궁 사이의 시각적 연결을 형성한다. 프로젝트는 단순히 사라진 구조물을 기억하는 것에 그치지 않고, 현대적 도시 조직 속에 통합함으로써 대지의 다층적 역사를 강화하고자 했다.

The **background** is informed by the site's historical significance as the location of Seodaemun(West Gate).
While once an integral part of the fortress wall that structured downtown Seoul, the gate has since been lost. The archive interprets this absence by creating a void along the original fortress wall line, establishing a visual connection between Inwangsan Mountain and Gyeonghuigung Palace. In doing so, the project not only preserves the memory of the lost structure but also integrates it into the contemporary urban fabric, reinforcing the site's layered history.

NW Perspective

West

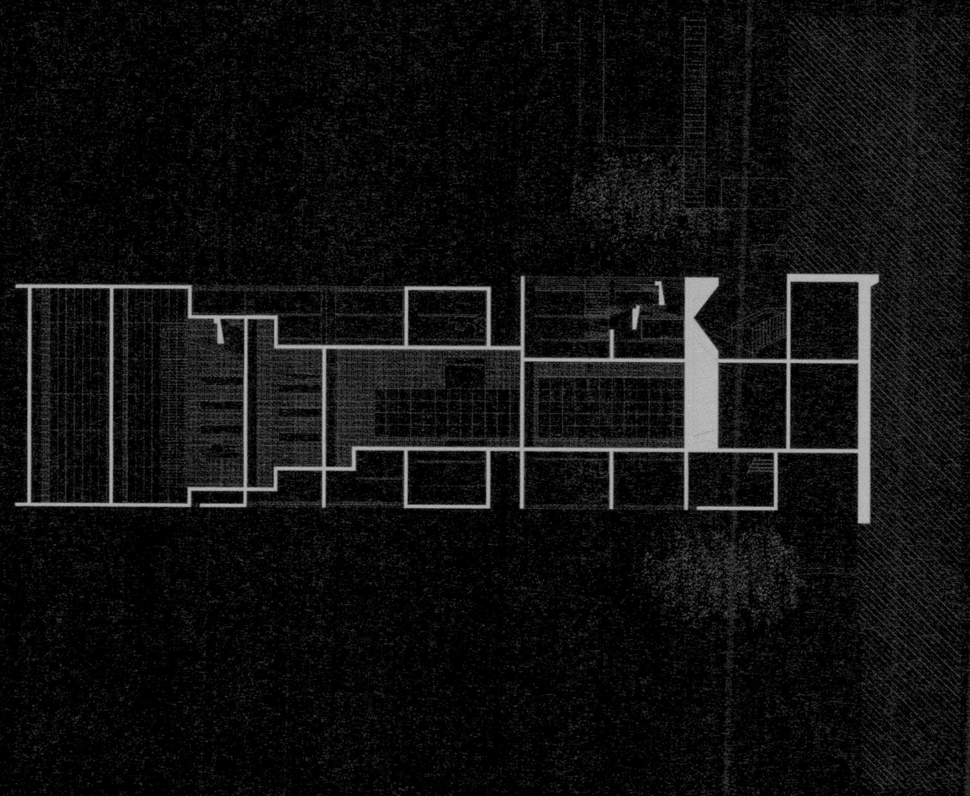

외부 문물이 유입되고 다양한 문화가 교차하는 장소로서 서대문 일대는 빠르고 급진적인 변화를 겪었다. 돈의문과 주위의 성곽은 먼저 훼철되었고 그 자리를 고밀도의 업무시설과, 재건축 아파트가 대신하며 역사의 흔적은 더욱 흐릿해졌다.

다양한 시간대를 갖는 주택들이 공존하는 새문안 마을은 이러한 상황속에서 역사적 공백을 이어간다. 또한 건축물의 차원을 넘어 새문안 마을에는 경사지 위 작은 필지에 대응했던 삶의 흔적들이 땅에 남아있다. 이들은 건물이 땅과 관계 맺는 방식에 밀접하게 연관되어 필지와, 필지, 길과 필지의 관계에도 영향을 준다.

옛 기록들을 바탕으로 새문안 마을 내부의 길과 필지가 형성되는 과정을 역추적하고 그것이 현재 상태로 이어진 영향을 추정했다. 길의 형상, 필지의 형성 순서, 원하는 위치에 입구를 내고자 하는 의지가 만나 서로 충돌하는 필지의 높이차가 형성된다. 그 차이를 메우기 위한 어설픈 부정교합이 나타나고 신문로가 확장하는 외부 압력이 개입하여 필지가 잘리고 경계부의 지형이 불연속적으로 끊기기도 한다. 이는 경계부 건물의 층고와 단 높이의 차이로서 드러나기도 한다.

역사사적과 같이 새문안 마을은 역사적 기록을 물리적 형태로 품고 있다.

As a place where foreign cultures were introduced and diverse cultures intersected, the Donuimun area experienced rapid and radical changes. Donuimun and the surrounding fortress walls were the first to be demolished, replaced with high-density office buildings and redeveloped apartment complexes, further erasing traces of history.

Saemunan Village, where buildings from various time periods coexist, bridges this historical gap amid these transformations. Beyond the built environment, traces of life remain, showing how people adapted to small plots on steep terrain. Closely related to how buildings interact with the land, they also influenced the relationships between plots, as well as between streets and plots.

Using historical records, we traced the formation process of Saemunan Village's internal roads and plots and analyzed its impact on the present state. The shape of the roads, the sequence of plot formations, and the desire to create entrances at specific locations led to elevation conflicts between plots. This resulted in awkward misalignments, while external pressures from the expansion of Sinmun-ro caused plots to be severed and the terrain at the boundaries to be disrupted. These disruptions are evident in the differences in floor heights and elevation levels of boundary buildings.

Like a historical site, Saemunan Village preserves historical records in a physical form.

TEAM 3
Saemunan Archaeology

Traces of the Ground
김도현

Weaving the Ground
신예림

Historical site Tower
신재욱

▲ 1890년(추정) 돈의문박물관마을
출처: 마이클 힐리어 소장

▲ 1898년(추정) 돈의문, 출처: 서울역사박물관

▲ 1899년(추정) 돈의문, 출처: 국립중앙박물관

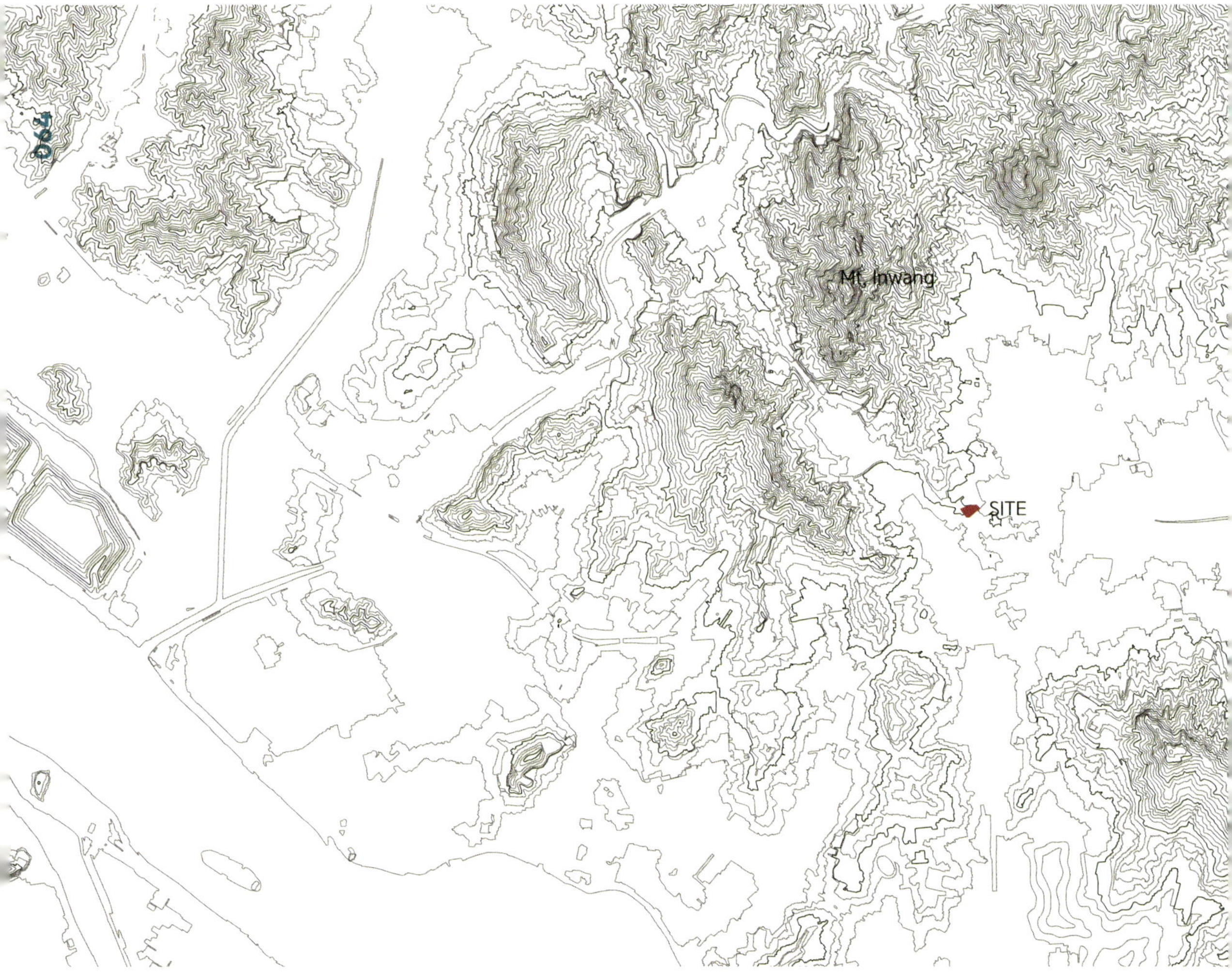

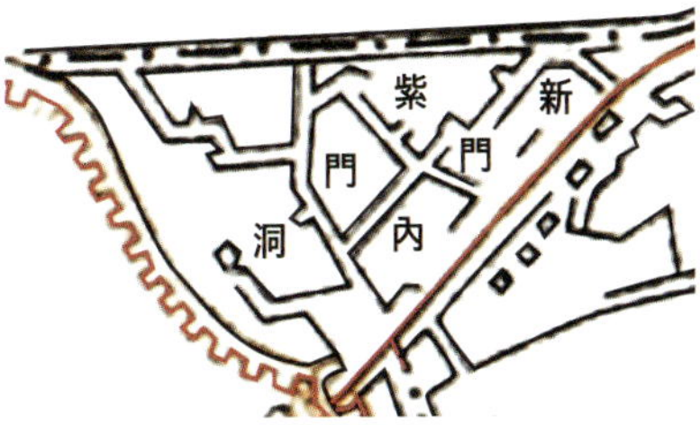

▲ 최신경성전도(1907), 출처: 서울역사박물관

▲ 새문안마을 지적원도(1912), 출처: 국가기록원

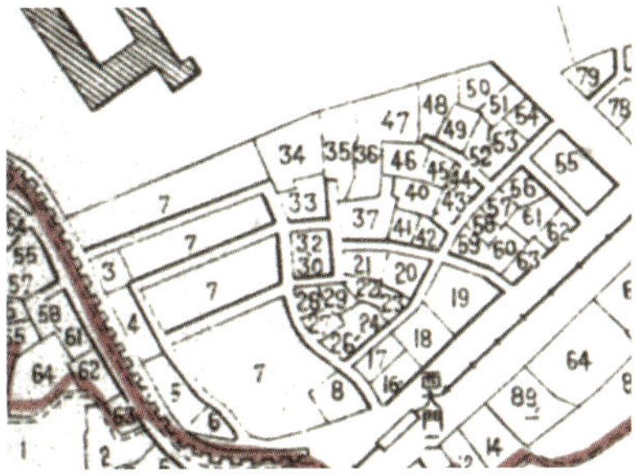

▲ 대경성전도(1936), 출처: 서울역사박물관

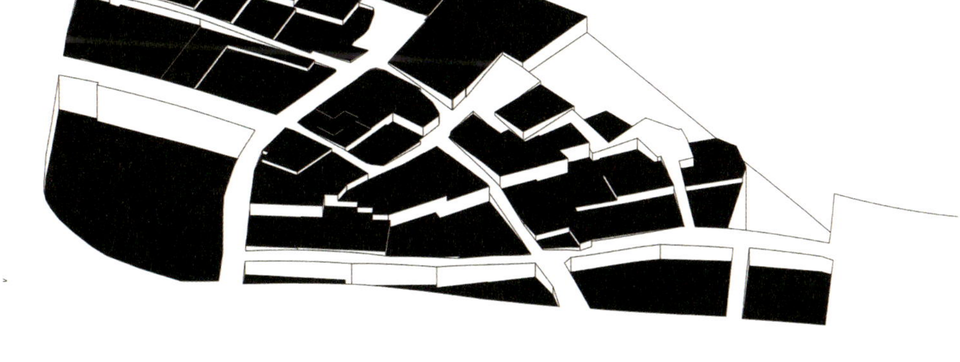

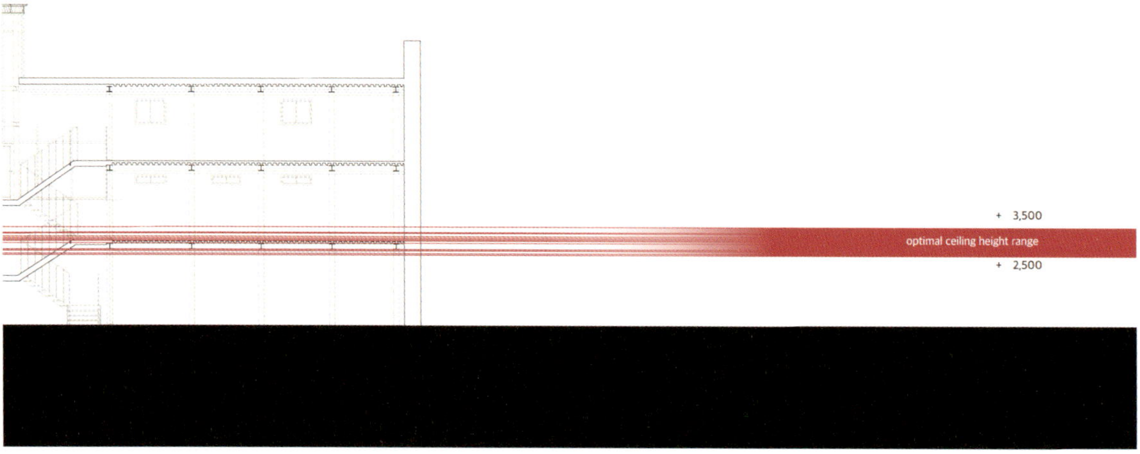
+ 3,500
optimal ceiling height range
+ 2,500

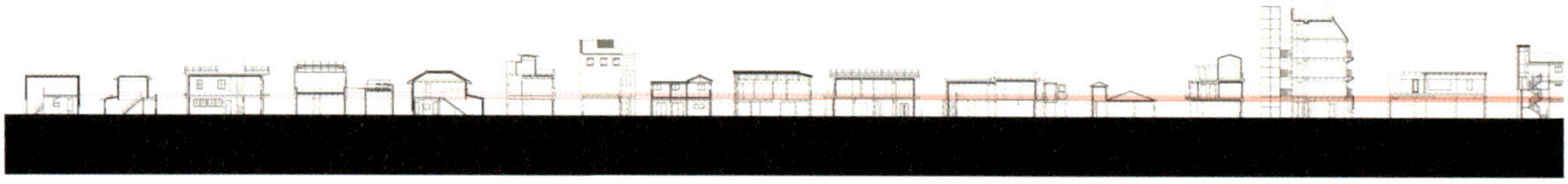

A, B

C

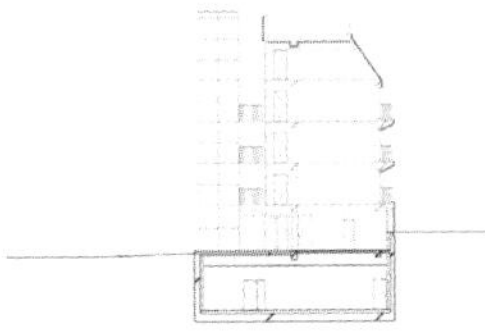

D

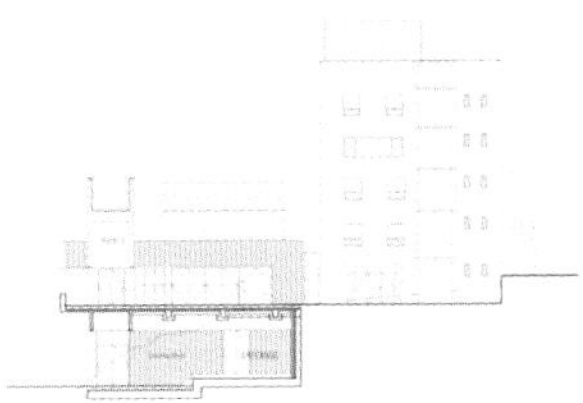

E

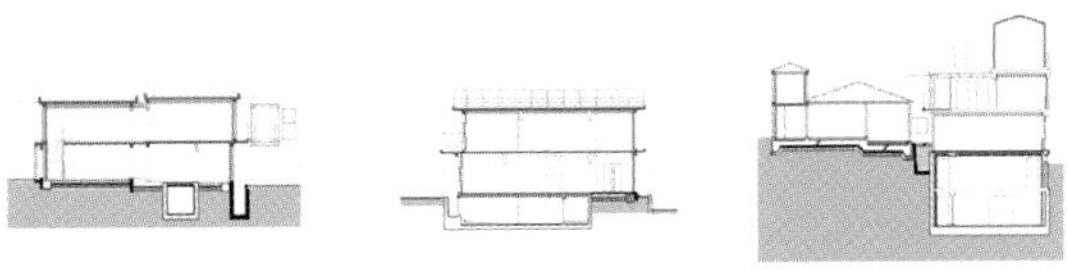

F

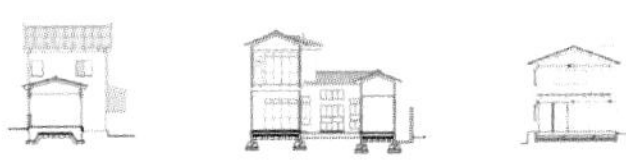

G

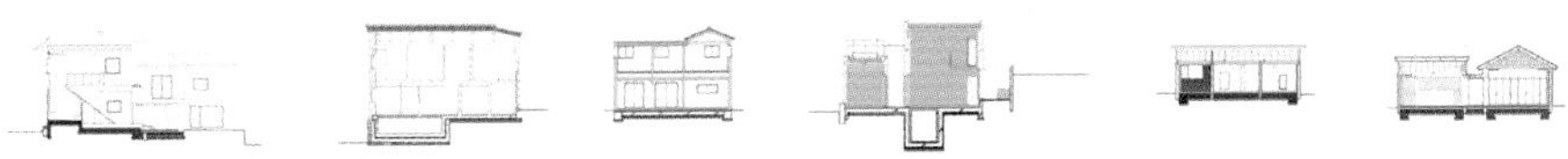

H

I

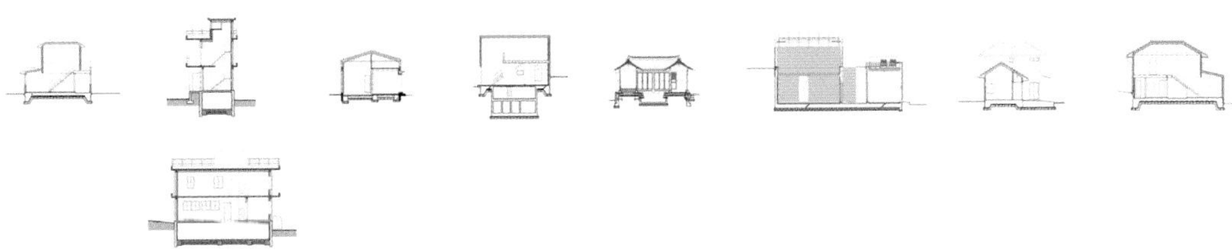

sequence of plot formation

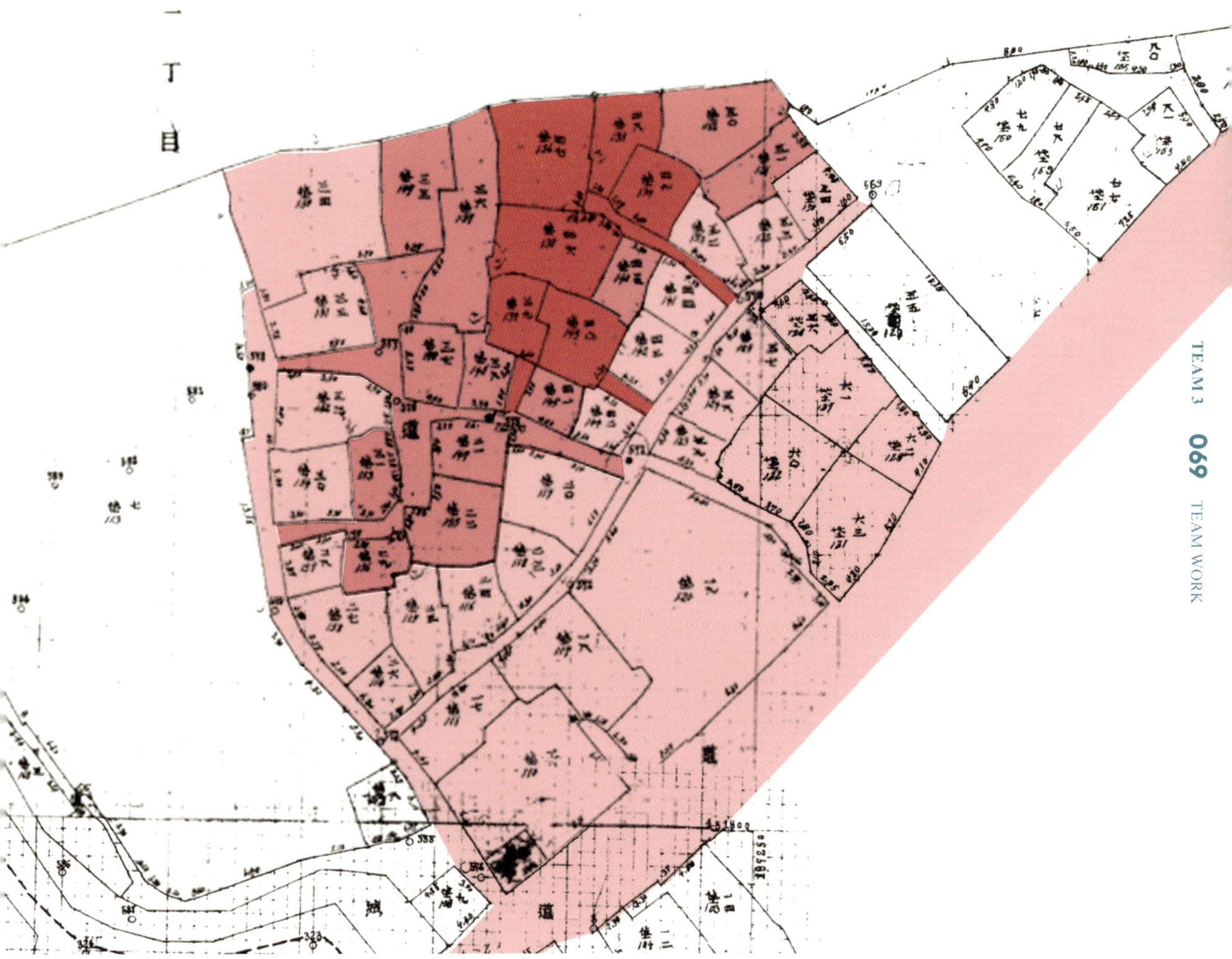
二丁目

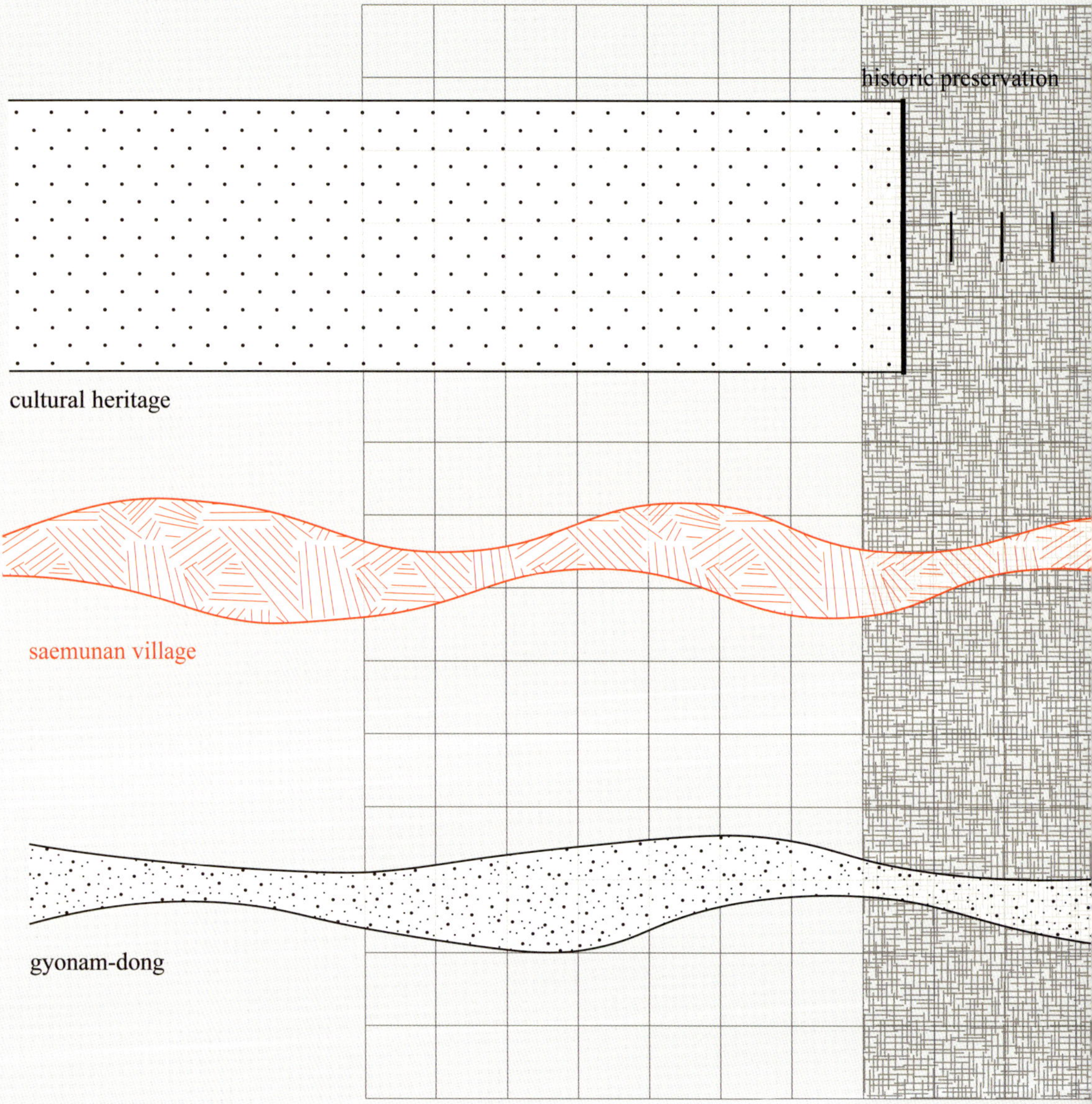
historic preservation
cultural heritage
saemunan village
gyonam-dong

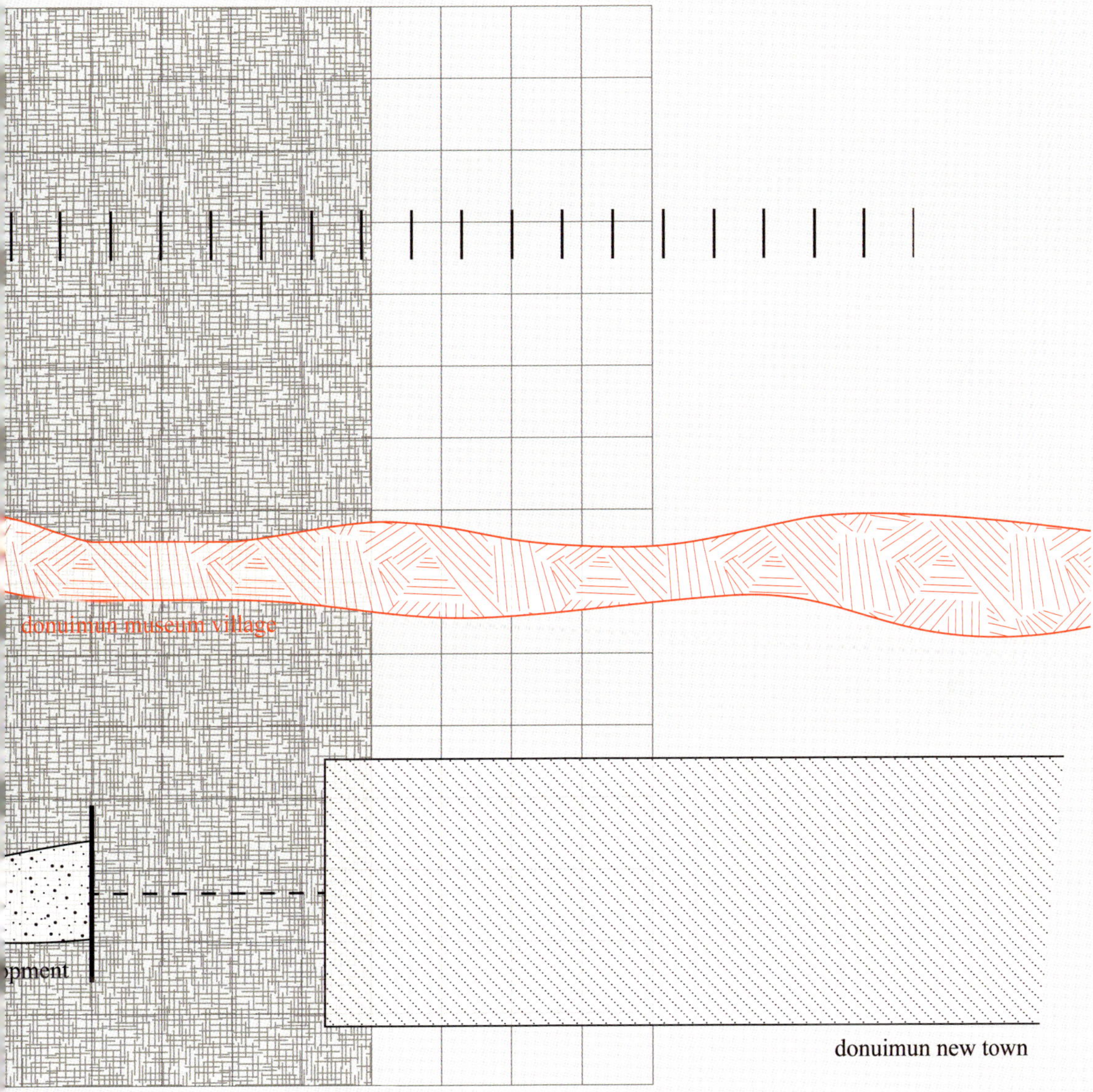
donuimun museum village
opment
donuimun new town

땅의 흔적

돈의문 박물관 마을에서 발굴되는 공간적 · 역사적 가치는 '땅'을 통해 드러난다. 대규모 개발이 진행된 현재의 서대문과 달리, 작은 필지들이 모여 경사지에 적응하며 형성된 삶의 흔적이 마을의 지형에 남아 있다. 개별 주택을 기준으로 절토하거나 성토하여 조성된 평탄한 대지와 쌓인 단(段)들은 마을의 기저에 숨어, 새문안 일대에서 사라진 과거의 공간 단위를 보존하고 경험하게 한다. 남동쪽 경계면에 새롭게 조성되는 새문안 월대는 이러한 작은 단위의 층위를 다루며, 마을이 간직한 공간적 특성을 계승한다.

대상지는 마을의 입구이자 얼굴인 남동쪽 경계부이다. 이곳은 정동길에서 이어져 사람들을 정면으로 마주하는 공간이며, 양쪽으로 난 진입로를 조절하는 중요한 길목이다. 또한, 서쪽과 동쪽으로 각각 서울도시건축센터와 신설 아카이브/오피스 빌딩에 면해, 마을의 안과 밖을 조율하고 두 개의 아카이브를 연결하는 역할을 수행한다.

본 프로젝트는 마을 경계에서의 직관적인 연결성을 유지하면서도, 단조로운 진입 경험을 개선하고 외부 공간을 명확히 정의하여, 개별적으로 존재하던 마을의 경험들이 서로 관계를 맺을 수 있도록 한다.

마을이 하나의 군집으로 경험되기 위해, 건물들 사이의 외부 공간은 단순한 'figure의 나머지'가 아닌 독립적인 볼륨을 지닌 공간으로 인지되어야 한다. 이에 따라, 새롭게 조성되는 전면부 공간은 하나의 미술관처럼 서로 다른 성격의 방들이 연속되는 개념을 가진다. 또한 새롭게 조성되는 공간의 입면은 마을의 높이에 따라 서로 다른 둘로 구분되며, 재료와 형태를 통해 가벼움과 무거움, 연속과 불연속 등 상반된 성격을 명확히 드러낸다. 각각은 마을에 더해지는 새로운 시간과 드러난 시간이 된다.

Traces of the Ground

The spatial and historical value unearthed in Donuimun Museum Village is revealed through the ground itself. Unlike Seodaemun today, which has undergone large-scale development, traces of life remain in the village's terrain, where small plots of land have come together and adapted to the slopes. The leveled grounds, created by cutting or filling the land for individual houses, and the stacked terraces lie hidden beneath the village, preserving and allowing the experience of past spatial units that have disappeared from the Saemunan area. The newly constructed Saemunan Woldae along the southeastern boundary engages with these small-scale layers, inheriting the spatial characteristics embedded in the village.

The site serves as both the entrance and the face of the village, positioned along its southeastern boundary. It extends from Jeongdong-gil, directly confronting visitors, while also functioning as a crucial passage that regulates access from both directions. Additionally, it borders the Seoul Urban Architecture Center to the west and a newly constructed archive/office building to the east, mediating between the village's interior and exterior while simultaneously connecting the two archives.

This project maintains the intuitive connectivity of the village's boundary while refining the otherwise monotonous entry experience and defining the external space more clearly. Through this, the previously fragmented spatial experiences of the village are encouraged to establish relationships with one another.

For the village to be perceived as a cohesive cluster, the external spaces between buildings must be recognized not merely as residual areas of the built forms but as independent volumes with their own spatial presence. Accordingly, the newly created front area adopts the concept of a museum, where a sequence of rooms with distinct characteristics unfolds in continuity. Also, the newly developed front facade is divided into two distinct parts, responding to the levels of the village. Through materiality and form, it distinctly expresses opposing qualities—lightness and heaviness, continuity and discontinuity. Each part embodies both the newly introduced time of the village and the time that has been revealed from within.

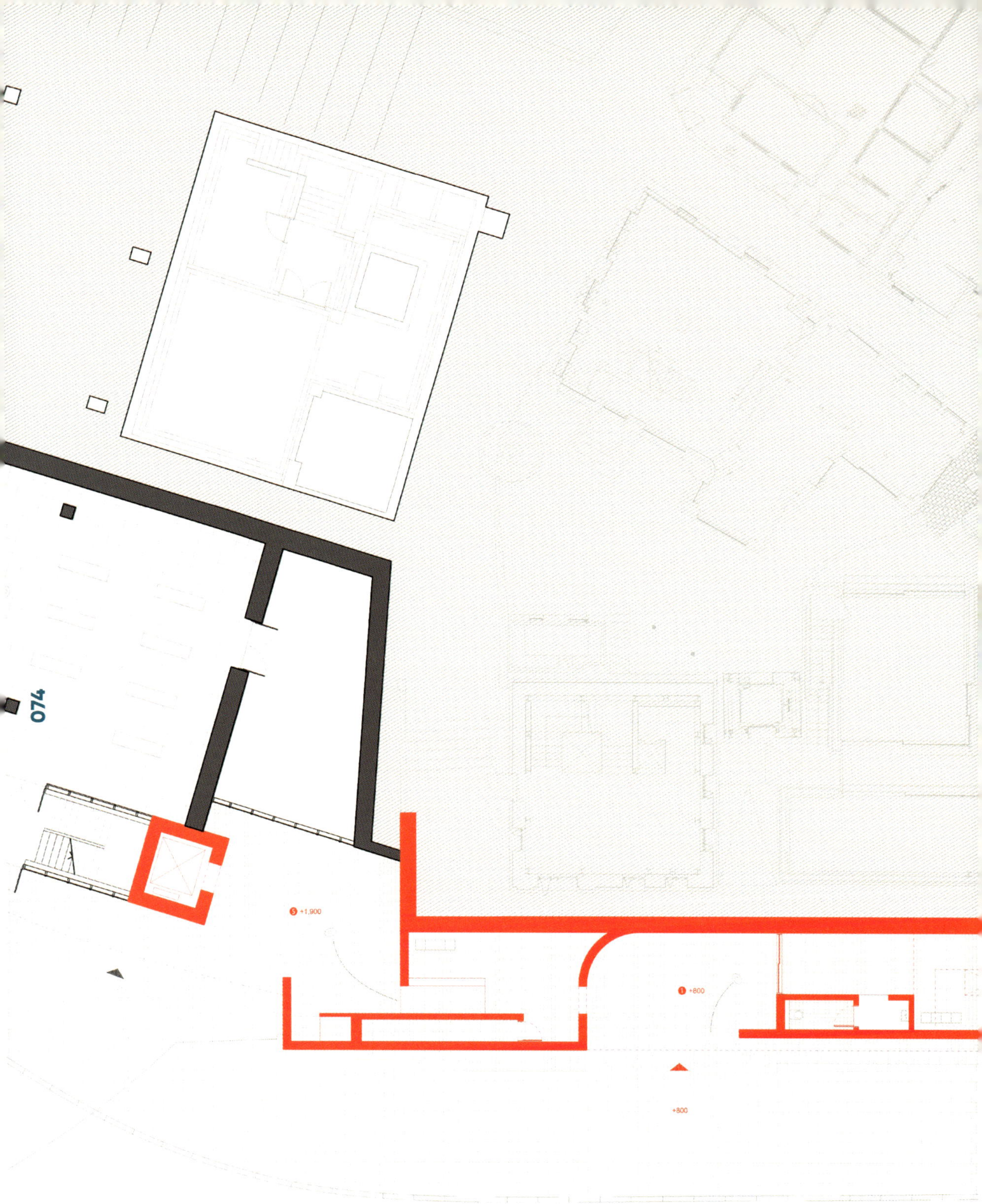

1 실외 연결동선
2 프론트 데스크
3 영상실
4 문서 열람실
5 서울도시건축센터

❶ +1,100
❹ -1,200
❷ ±0
❶ ±0
±0
0
1
3
5
10

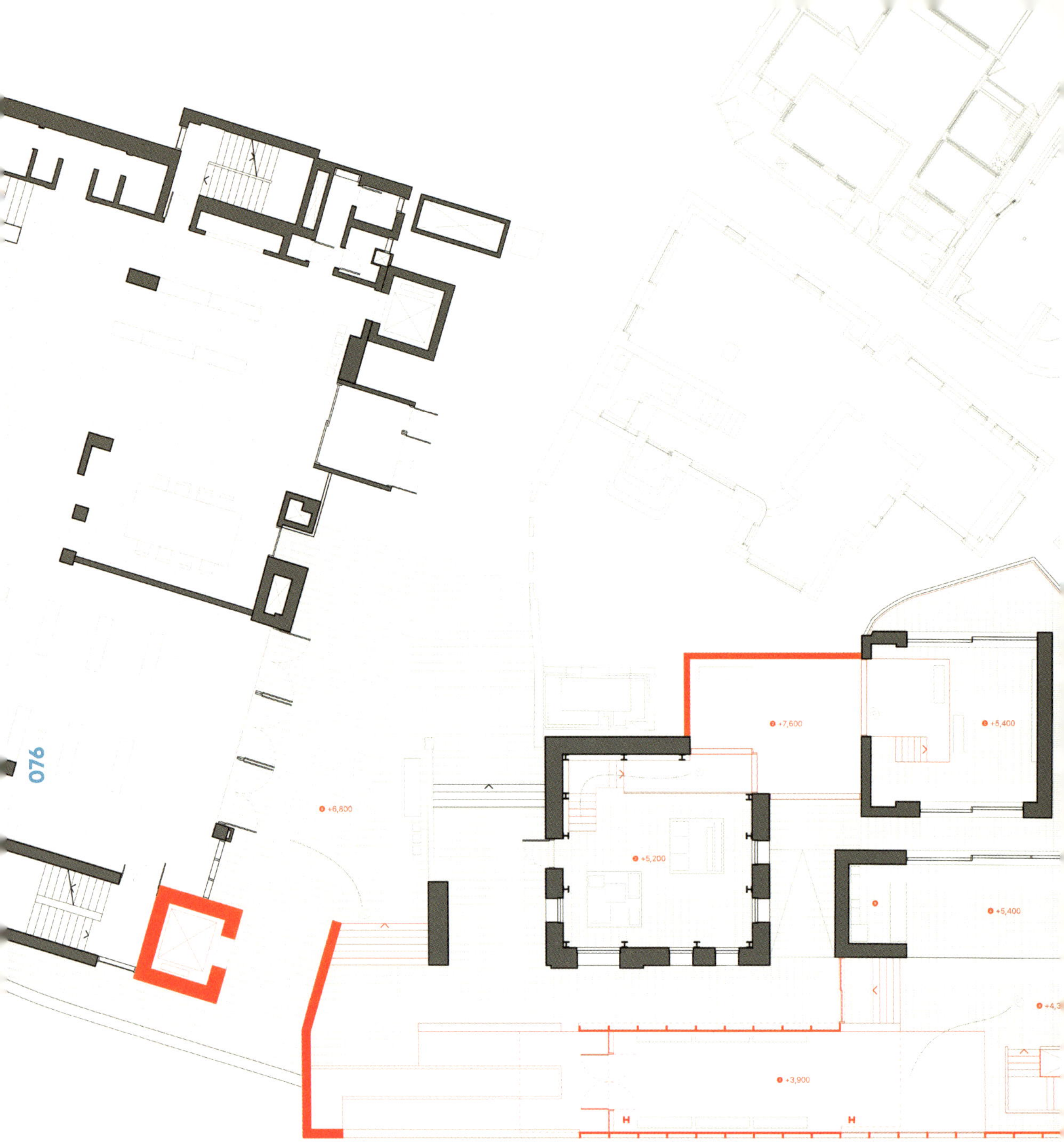

1 상설전시실
2 기획전시실
3 마당
4 홀
5 카페
6 관리동
7 서울도시건축센터

+2,400
+3,800
+2,400
+3,800
+4,300
+3,200

0 1 3 5 10

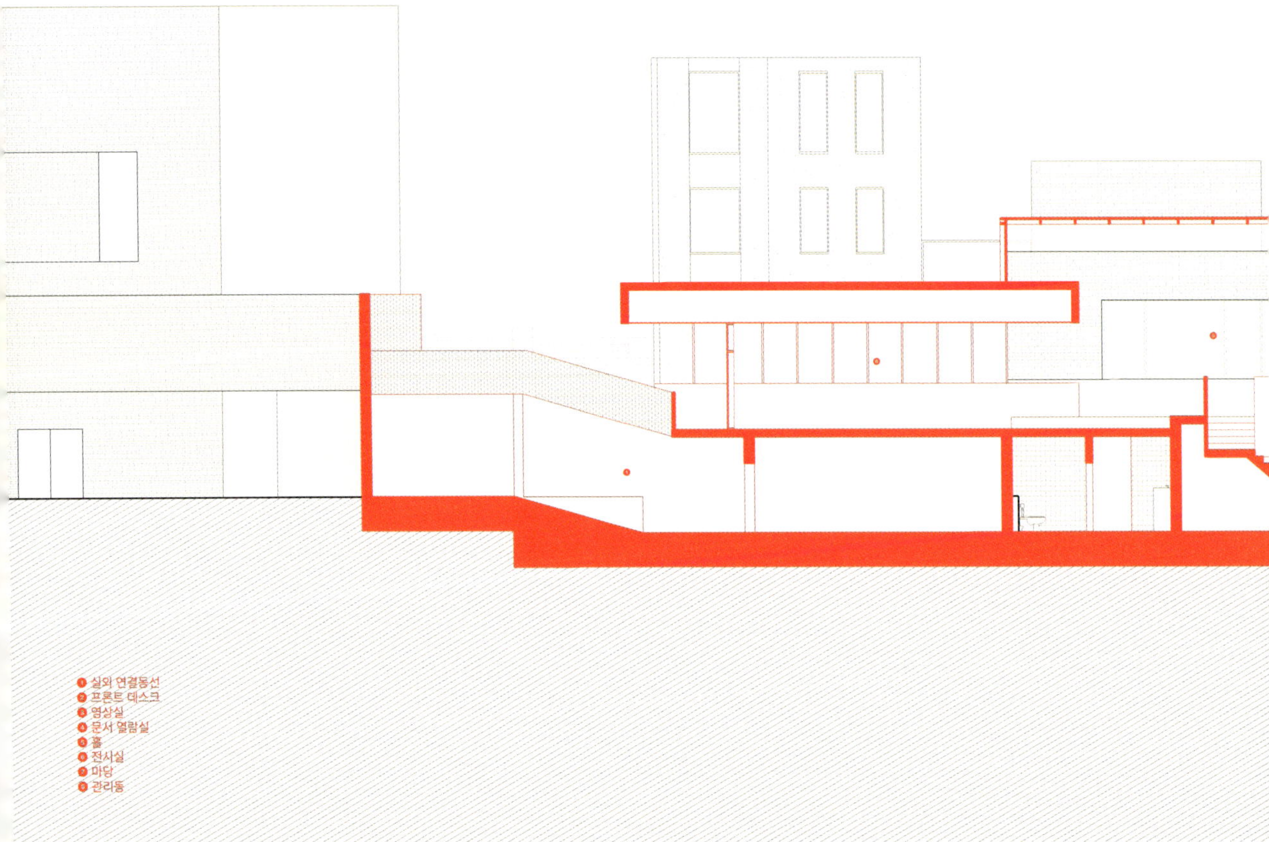

SECTION + ELEVATION

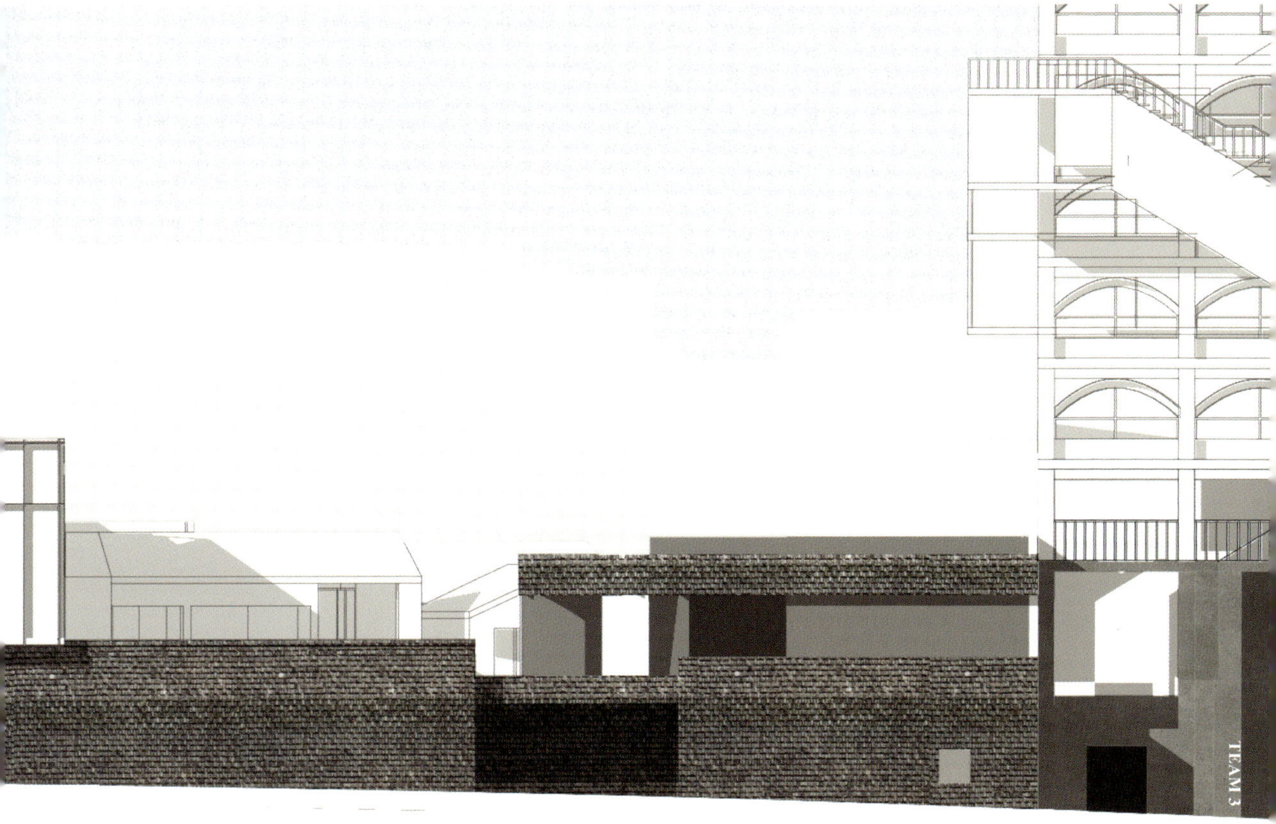

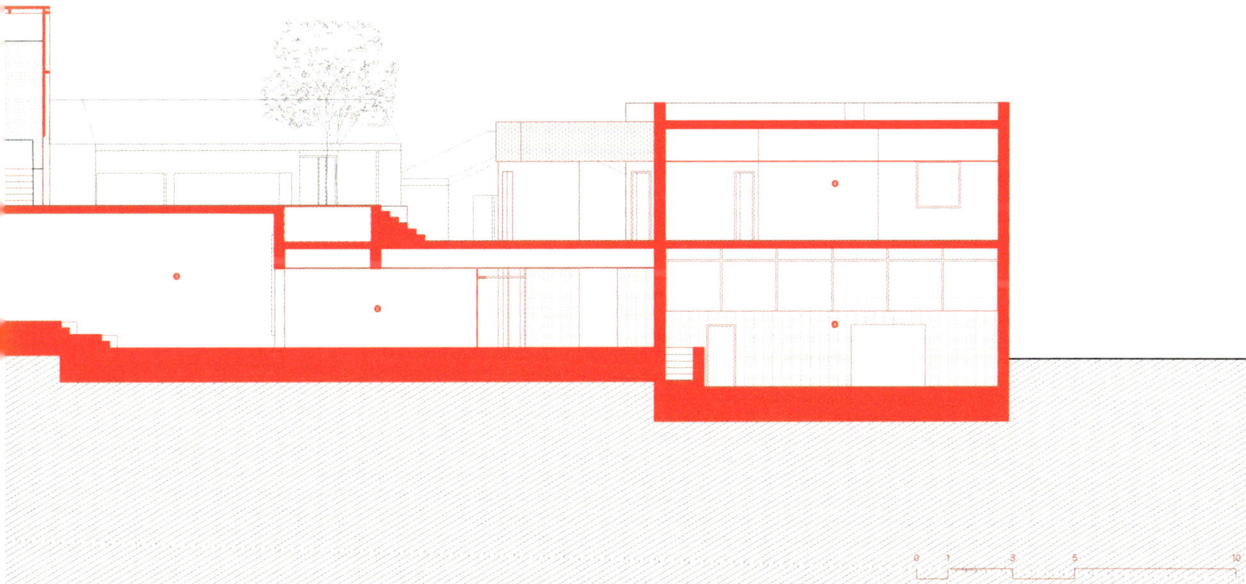

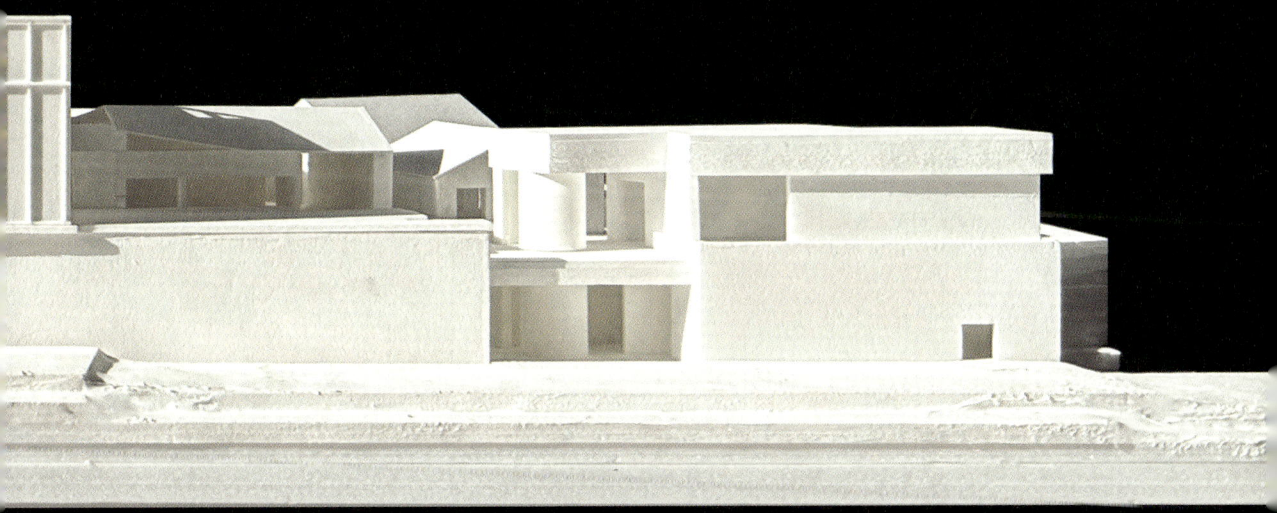

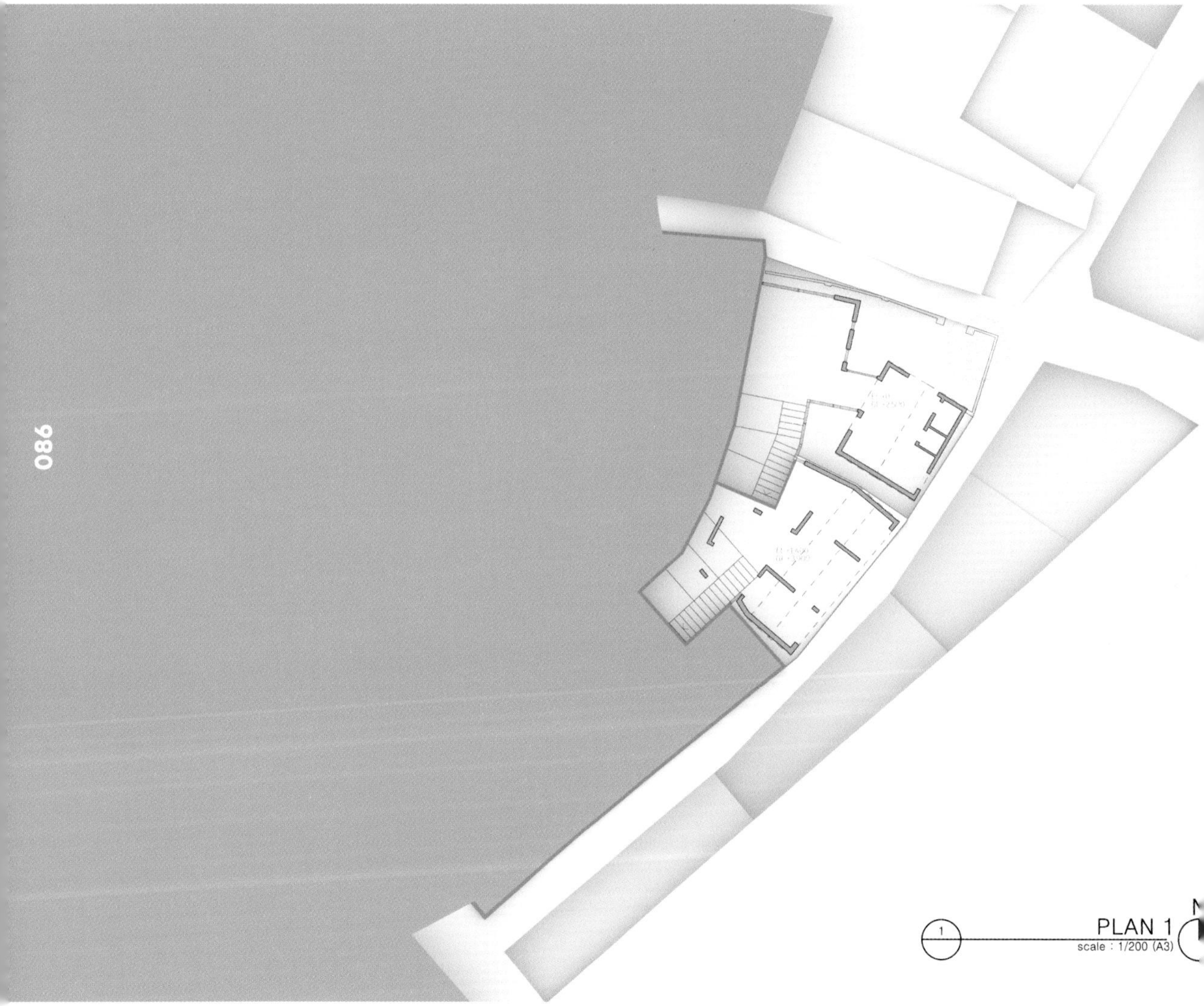
1
PLAN 1
scale : 1/200 (A3)

PLAN 2
scale : 1/200 (A3)

3 PLAN 3
scale : 1/200 (A3)

4
SITE PLAN
scale : 1/200 (A3)
N

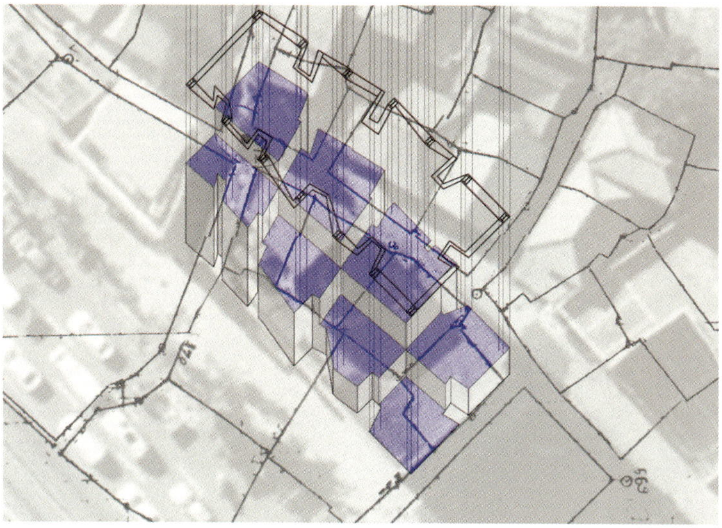

The office building at the boundary of Saemunan Village stands apart from the village. Physically, it belongs to the village's territory, yet its overall design—including its openings and façade—responds more to the city. This characteristic allows the building to function as a shell at the boundary.

From a different perspective, this office building is seen as playing a role in integrating the village into the urban process rather than isolating it.

The natural urban process exerts pressure to increase building density along major roads. The plot where the office building stands was well-suited to respond to this pressure, as it was merged into a larger plot due to the expansion direction of Sinmun-ro and the shape of the internal roads.

The presence of this office building holds historical significance as it reflects a sequence of events shaped by Donuimun's existence—foreign influences entering the area, urban flourishing, road expansions, and the introduction of high-density office facilities. In response, the existing office function was maintained, ensuring its coexistence with, rather than integration into, the newly introduced historical platform.

At the pedestrian level, a new terrain is created by referencing the historical plot lines. This terrain naturally overcomes height differences and reinforces the building's role in bridging the two sides. It becomes an open public space with a free-flowing walkway, serving as a historical site in a symbolic form.

The office space incorporates three spatial elements that offer different perspectives on significant locations like Saemunan Village, Gyeonghuigung Palace, and the urban context where Donuimun existed. These spaces provide an objective viewpoint of each location, offering a new interpretation of the records associated with each location. The new spaces are interconnected through an external escalator, allowing them to remain independent without disrupting the office space. The relationship between these two contrasting spaces is meticulously controlled, ensuring a deliberate sense of separation.

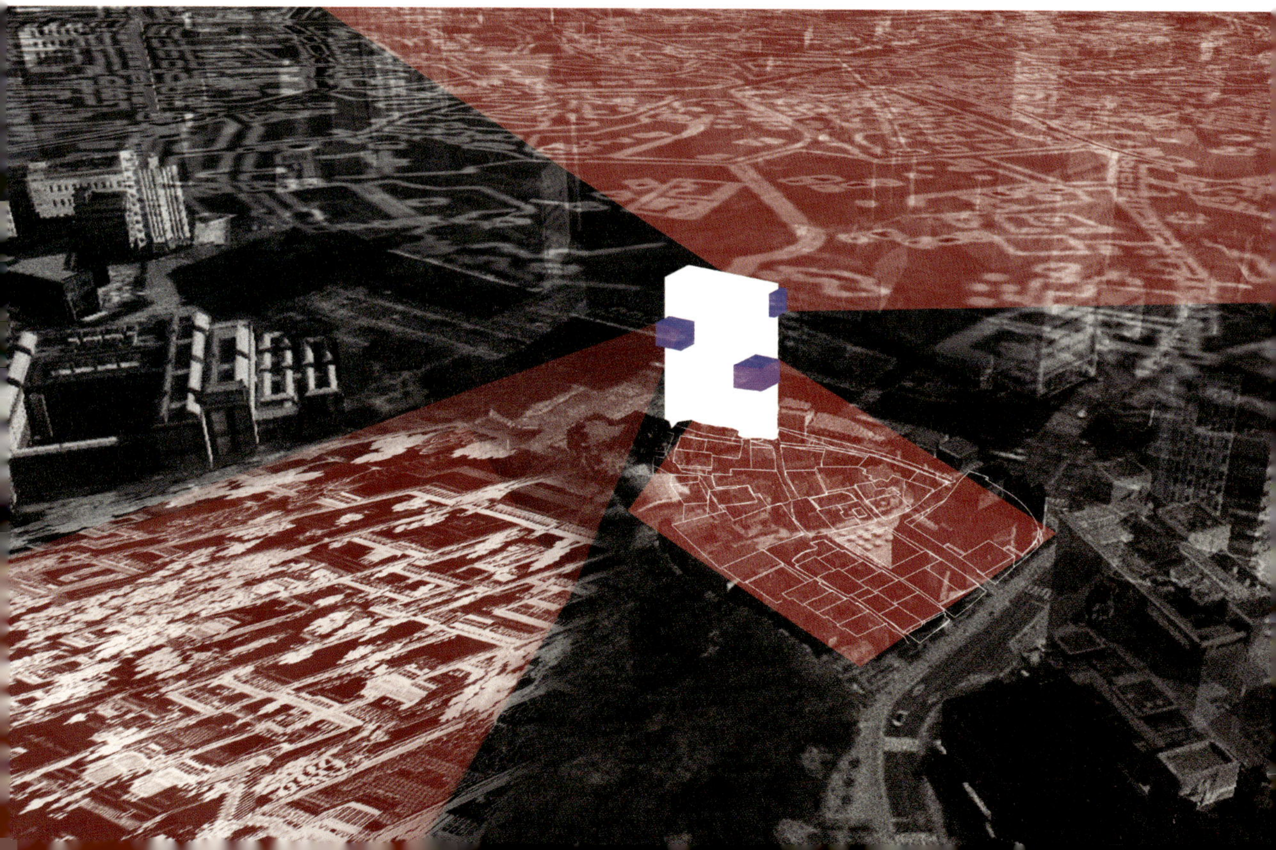

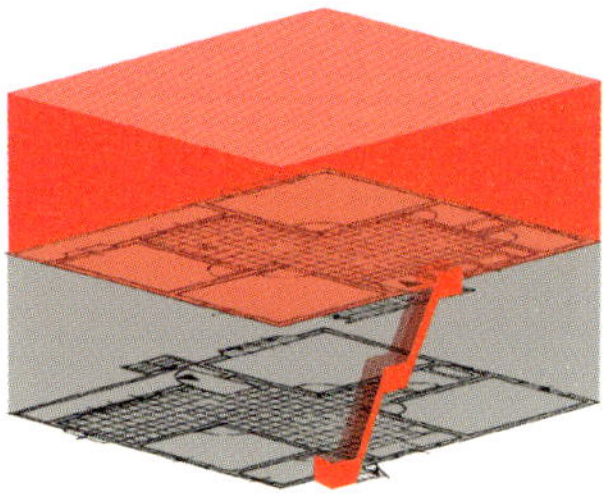

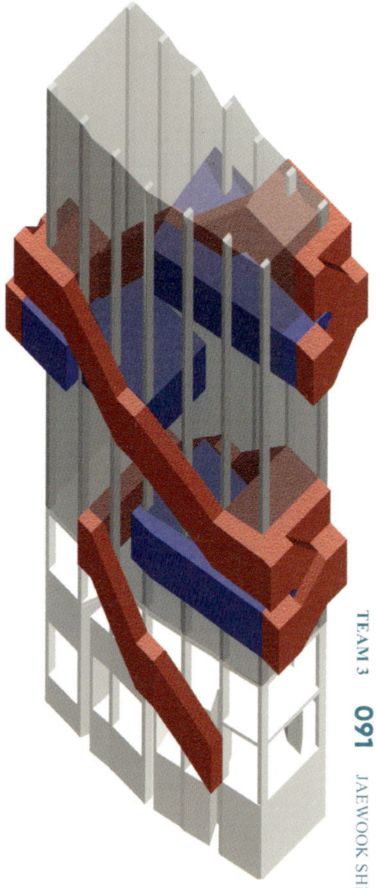

"As single-family homes vertically expanded into multi-story structures, a clear vertical separation between owner-occupied and rental units was established... During this period, many single-family homes were built with separate staircases for each floor, making it easier to lease individual levels."

The Spatial history of Korean Housing, Namil Jeon

새문안 마을의 경계에 위치한 오피스 건물은 마을에 대하여 이질적인 존재이다. 물리적으로는 마을 영역에 속해 있지만, 도시에 더 대응하는 태도를 갖는다. 이는 이 건물이 마을의 경계부에서 껍질처럼 작용하도록 하는 요인이다.

관점을 바꾸어, 이 오피스 건물을 마을이 고립되지 않고 도시의 과정에 편입될 수 있도록 역할하는 것으로 보았다. 도시의 자연스러운 과정은 대로를 중심으로 건물의 밀도가 높아지도록 압박한다. 마을의 경계에 위치한 필지 중 오피스 건물이 위치한 필지는 신문로가 확장되는 방향과 내부 길의 모양에 의해 큰 필지로 합쳐져, 이러한 압박에 응하기 적합했다.

이 오피스 건물의 존재는 돈의문의 존재로 인해 그 일대에 외부 문물이 유입되고 번화하고, 길이 확장되고, 높은 밀도의 업무시설이 들어서는 일련의 과정을 반영하고 있다는 점에서 역사적 가치가 있다. 이에 기존 오피스의 기능을 유지시켜 새로 들어올 역사 플랫폼과 섞이지 않고 공존하게 했다.

보행자에 대응하는 저층부에 과거의 필지선을 참조하여 새로운 지형을 만든다. 새로운 지형은 높이 차이를 자연스럽게 극복하며 마을의 내외부를 연결하는 건물의 역할을 강조한다. 무목적 동선을 가진 열린 공공공간이면서, 형태적 상징을 지닌 역사 유적이 된다.

새문안 마을, 경희궁, 돈의문이 존재했던 도시적 맥락과 같이 역사적 흔적을 바라보는 세 공간을 오피스 공간에 삽입한다. 각각의 장소를 객관적인 시점에서 조망하며, 그 장소와 관련된 기록들은 다르게 읽히게 된다. 새 공간들은 외부 에스컬레이터를 통해 하나로 연결되며, 오피스 공간에 간섭하지 않은 채 독립적으로 개입한다. 두 이질적인 공간의 관계는 철저하게 설세된다.

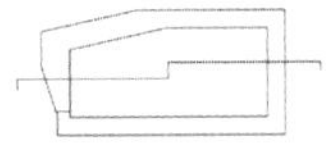

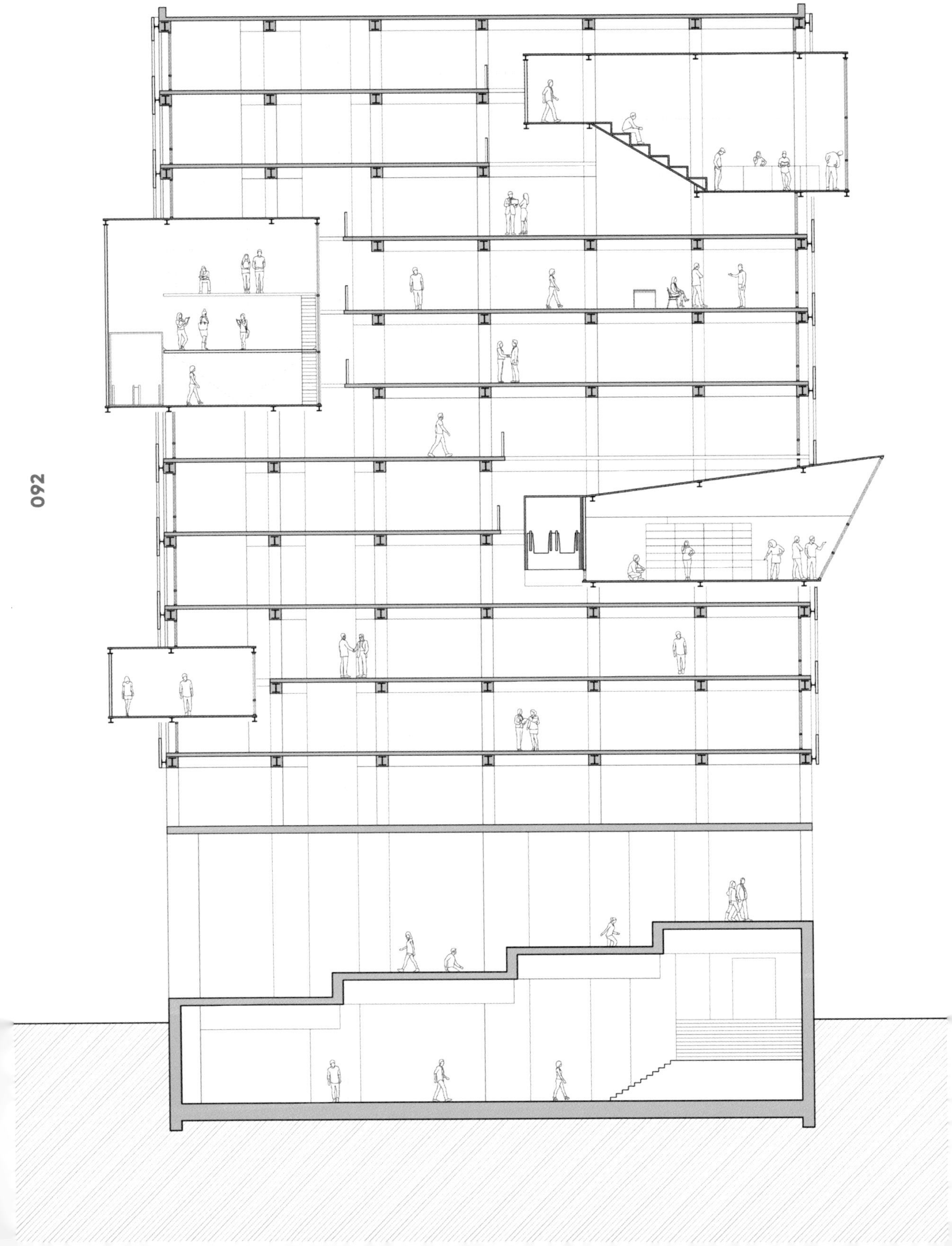

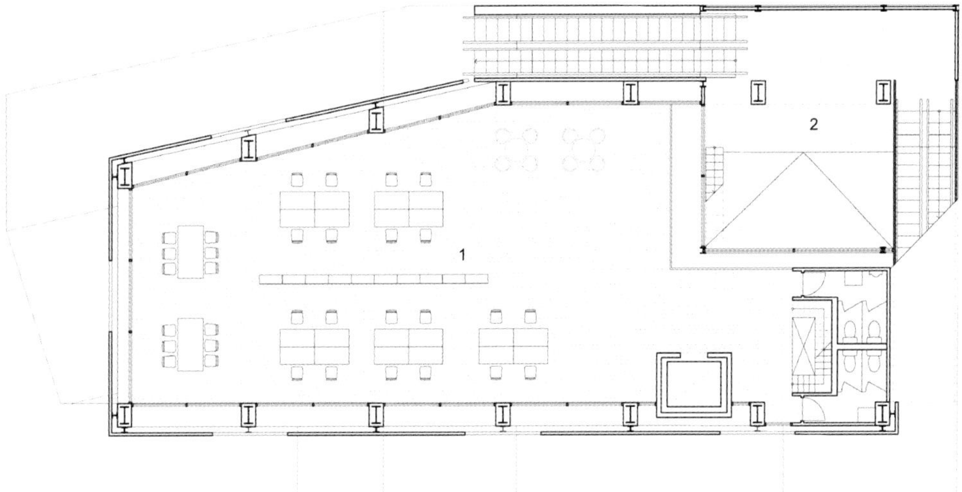

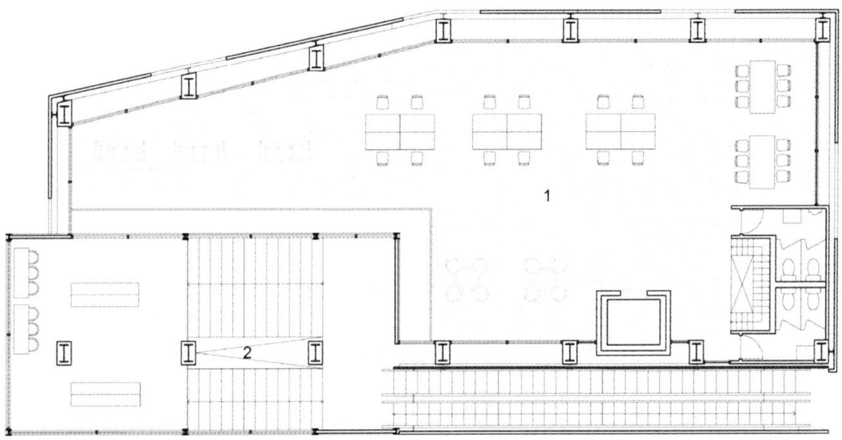

1. Office
2. Larchivium

0 2 4 8 16(m)

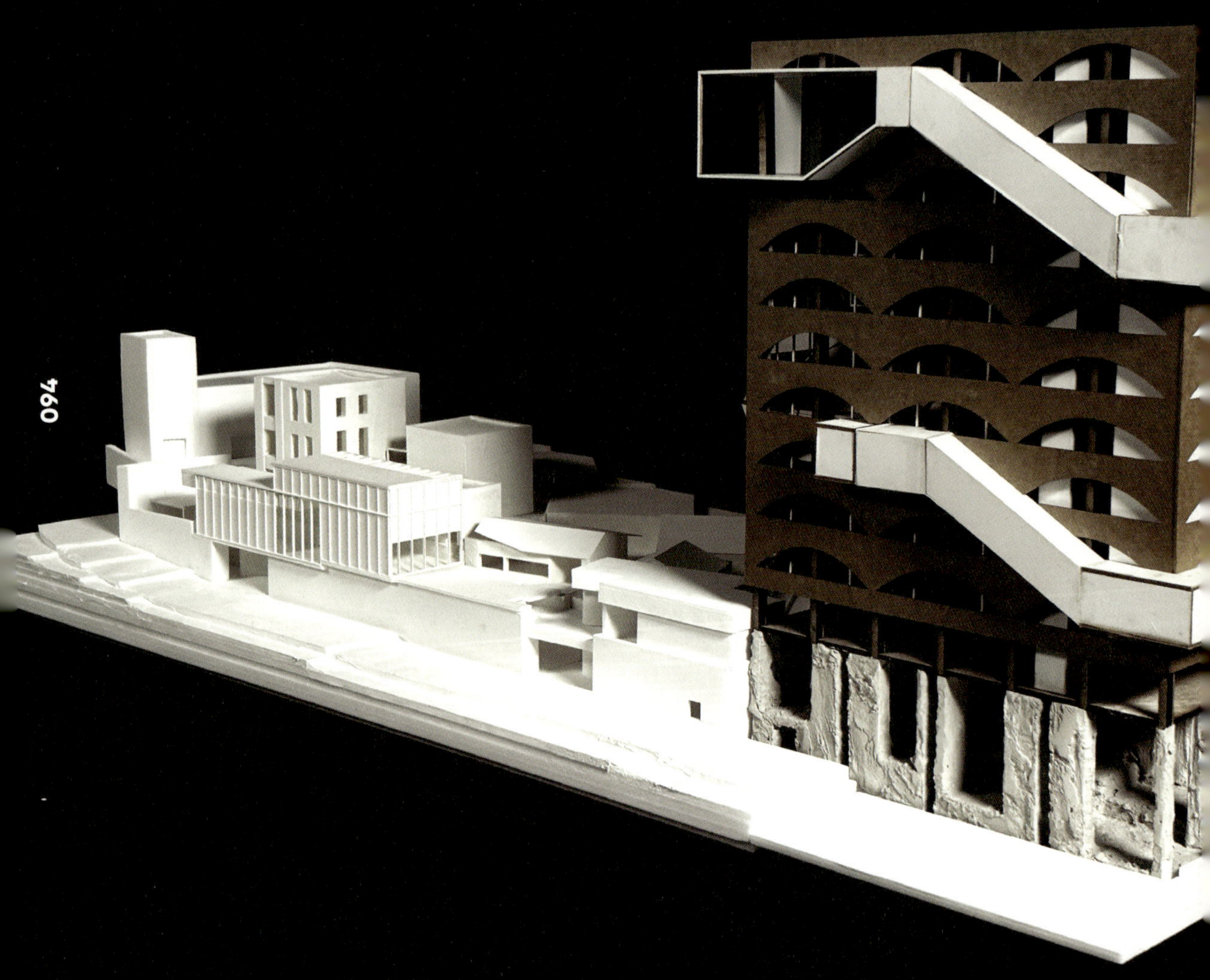

라스베거스의 교훈(1972), 로버트 벤츄리, 데니스 스콧 브라운

"1970년대 로버트 벤투리는 저급하고 대중적인 것으로 치부했던 라스 베이거스의 간판과 네온사인에서 미국만이 가진 버네큘러 건축을 찾으려 했다." – 서울해법

지금 돈의문박물관마을이 취한 스탠스는 이를 어쭙잖게 모방한 것처럼 보인다. '건축을 대중과 소통하기 위한 표피적 이미지로 축소했다'는 비판을 포스트 모더니스트들이 받았던 것처럼, 돈의문박물관마을은 표피적 이미지에 치중했기에 '아카이빙'으로서의 목적이 오히려 떨어 지지 않았나 하는 의문이 들었다.

골목 안 풍경 전집: 김기찬 사진집(2011)

한편, 우리가 생각하는 기록과 아카이빙에서 가장 적합한 것은 바로 덮어 쓰기이다.
사람들과 그 세대가 교체되어도, 그들이 남긴 흔적들, 양식들은 남아있다. 이전 세대와 현세대는 서로의 얼굴을 알지 못하고, 그들의 목소리를 들어본적 없으나 그것이 그대로 존재한다는 점에 있어 '기억'한다는 것이 단순히 의도적인 박제 혹은 복제로써 이루어지지만은 않는다는 것을 알 수 있다.

그렇다면 돈의문박물관 마을에 잔재하는 흔적들은 무엇인가?

Leraning from Las Vegas(1072), Robert Venturi, Denis Scott Brown

"In the 1970s, Robert Venturi sought to find the vernacular architecture unique to America in the signs and neon lights of Las Vegas, which he had dismissed as lowbrow and popular." - Seoul Solution

The stance taken by the Dongnimun Museum Village appears to be a superficial imitation. Just as postmodernists faced criticism for "reducing architecture to a superficial image for communication with the public," Dongnimun Museum Village seems to have prioritized this superficiality, raising questions about whether its purpose as an 'archive' has been compromised.

The Collected Works of Alley Scenery, Kim Ki-chan(2011)

Meanwhile, the most fitting concept in our understanding of documentation and archiving is overwriting.
Even as people and generations change, the traces and forms they leave behind persist.
The previous and current generations may not recognize each other's faces or have heard their voices, yet their existence remains. This illustrates that 'memory' is not merely achieved through intentional preservation or replication.

So, what are the traces that linger in Dongnimun Museum Village?

TEAM 4

Golmok:
Between walls, beyond walls

The Unscripted Alley
이은진

Village's Backroads, Village back of roads
신규민

HIGHWAY
DUCK

EAT
EAT
b
a
HIGH WAY
DECORATED SHED

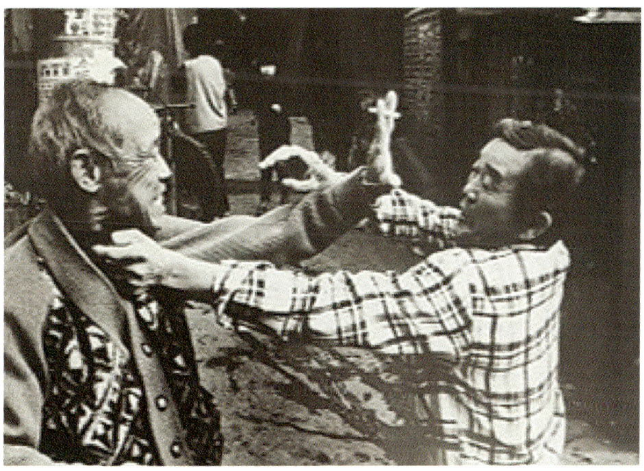

골목의 정의 : 건물 사이나 뒷면에 형성된 길
폭이 좁아 소수의 보행자만이 통행가능하고 우범지역으로 취급된다.

골목은 사실 어찌보면 길이 아니라, 집과 집사이 여유공간.
사적이면서 신뢰를 바탕으로 하는 곳이다.

애초부터 이곳은 사람들이 살던 곳이었고, 사적이었다. 하지만 이곳을 다시 방문했을 때 볼 수 있는 풍경은 더이상 골목에서 마주할 수 있는 정겨운 풍경이 아니다 길은 ‘통로’만으로 이용되고, 그 길을 이용하는 사람들은 거주자가 아닌 관광객들이다.

Definition of an Alley : A pathway formed between or at the rear of buildings, characterized by a narrow width that accommodates only a few pedestrians and is often considered a high-crime area.

In reality, an alley can be seen not as a thoroughfare, but as a buffer space between homes. It is a site that is both private and grounded in trust.

From the outset, this place was inhabited and private. However, upon revisiting, the landscape is no longer the warm scene one would encounter in the alleyways. The paths are utilized solely as "corridors," and those using them are tourists rather than residents.

들어가지 마시오
DO NOT ENTER
KEEP OUT

이러한 좁은 골목은 의도적으로 생성되지 않았다. 단순한 '통과동선'의 목적으로 만들어진 길이 절대 아니다.
오히려 집과 집사이의 좁은 틈들이 이들에게 제공하는 최소한의 여유공간으로부터 각기 다른 사건들이 발생하고,
그들이 자체적으로 문을 만들고 사용하며 그곳에서 자연발생한 커뮤니티가 존재한다.

These narrow alleys were not intentionally created. They are not merely pathways designed for transit.
Rather, the narrow gaps between homes provide minimal buffer spaces from which diverse events emerge.
Residents create and utilize their own entrances, fostering a naturally occurring community in these spaces.

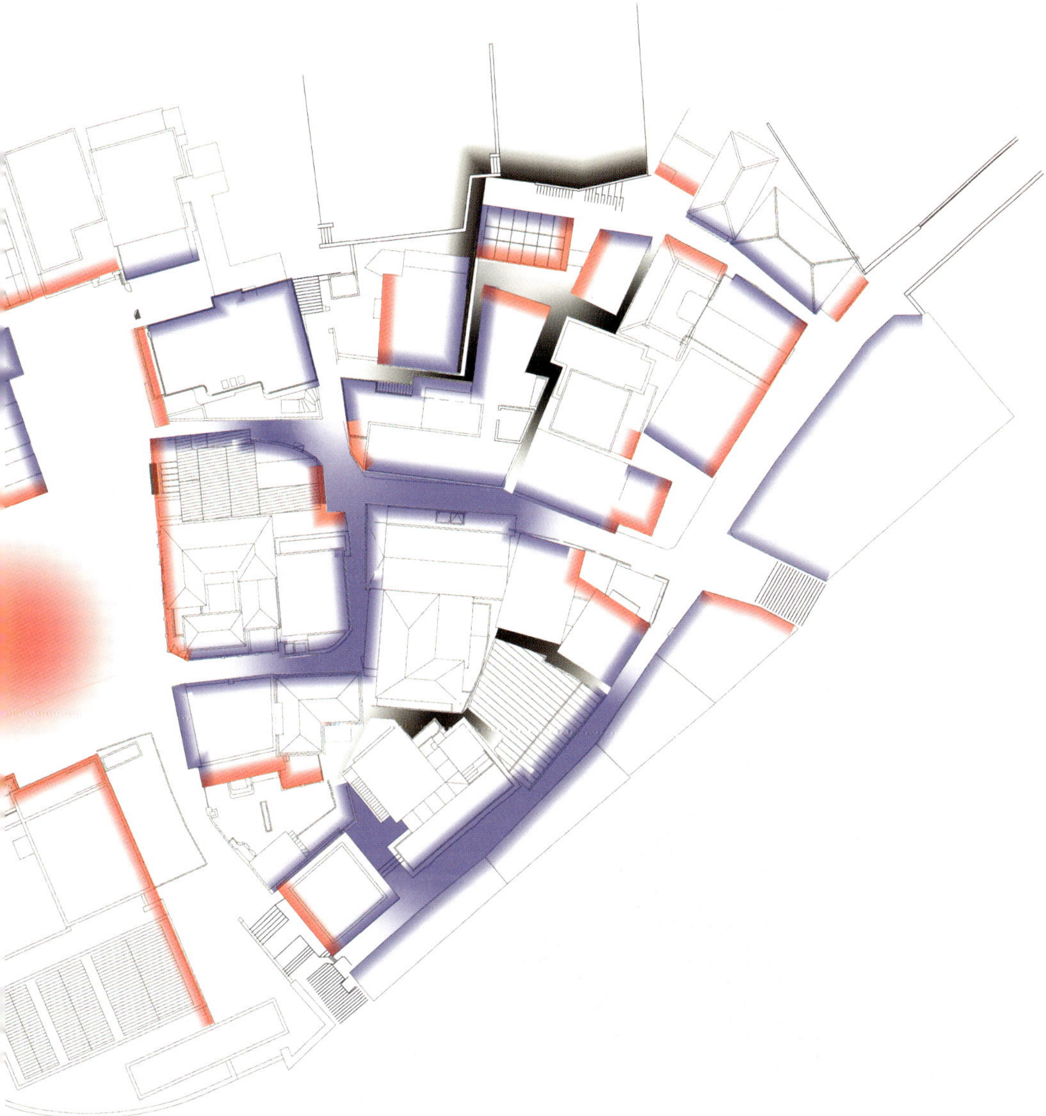

Blocked Alley

Facade

Back

Center of Facing

Obscure alley

사람들을 다시 마을에 살게 하는 방법에 있어서, 이들의 커뮤니티가 자연적으로 생겨날 수 있는 핵심공간인 '골목'에 대해 주목해보자.
어느 한 곳에서 다른 한 곳으로 가기 위한 동선만이 아니라, 거주하는 공간의 위계(Private부터 Semi를 거처 Public까지)로부터 발생하는 여러 경계 사이의 중첩의 단계, 형태를 통해 이들의 공간이 되살아 날 수 있을 것이다.

In exploring ways to encourage people to inhabit the village again, let us focus on the alleys, which serve as a crucial space for the natural emergence of community.
These are not merely pathways from one point to another; rather, they represent the overlapping stages and forms of boundaries that arise from the hierarchy of living spaces (from private to semi-public to public). Through this layering, their spaces can be revitalized.

Campbell's
CONDENSED
GREEN PEA
SOUP
TOMATO
SOUP
BLACK BEAN
SOUP
ONION

골목; 경계에서 발생하는 무작위적인 사건들

마을에 사람이 거주하였기 때문에 기억은 축적된다.
그것은 세대가 교체되어도, 그들의 집의 계단과 손잡이에 자연스러운 흔적으로서 기록된다.
서울에 즐비한 레디메이드 식의, 마치 캠벨 토마토 스프와 같은 건물들 사이에
무작위적으로 발생한 버네큘러한 모습의 마을은 우리가 정말 기억하고 싶은
집집마다 다른 레시피의 토마토스프와 같다.

각각의 평,단면들을 분석하여 집들이 어떻게 사용될 수 있는지 분석해보았다.
이렇게 배치된 사적인 공간들과 공적인 공간들은 자연스럽게 사이 공간을 buffer로서 비워두게 된다.
이러한 공간들을 Semi한 영역으로서, '길'또는 '커뮤니티'가 발생하게 만들고자 했다.
그리고, 이곳에 거주하는 사람들은 단기적으로 거주하며
이곳 마을의 커뮤니티 공간을 적극적으로 활용하게 될 것이다.
거주자와 외부인이 함께헤도 어색하지 않은 공간들은 무엇이 있을까?
거주자로부터 발생하는 커뮤니티를 외부인이 관망할 수 있다는 점에서
예술가를 위한 마을을 구상하였다.

Alleyways: Random Events Arising at the Boundaries

Because the village is inhabited, memories accumulate.
These are recorded as natural traces on the stairs and handrails of their homes,
even as generations change. Amidst the plethora of ready-made structures in Seoul,
akin to Campbell's Tomato Soup, the vernacular appearance of the randomly occurring village
resembles the unique recipes of tomato soup we truly wish to remember,
each home offering its distinct flavor.

By analyzing each plan and section, I examined how the houses can be utilized.
The arrangement of private and public spaces naturally leaves interstitial areas as buffers.
These spaces, envisioned as semi-public domains, facilitate the emergence of 'paths' or 'communities'.
Residents will temporarily inhabit this place and actively engage with the communal spaces
of the village. What types of environments allow for seamless interaction between residents
and outsiders? Considering the aspect of external observers being able to witness
the community dynamics generated by residents,
I conceptualized a village tailored for artists.

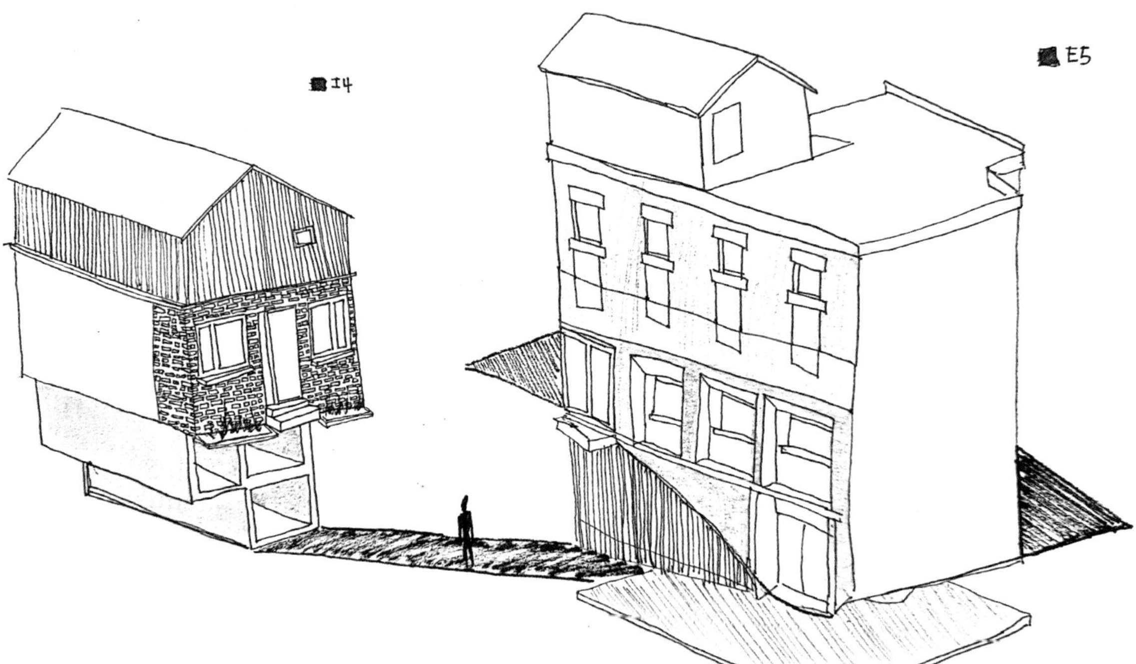

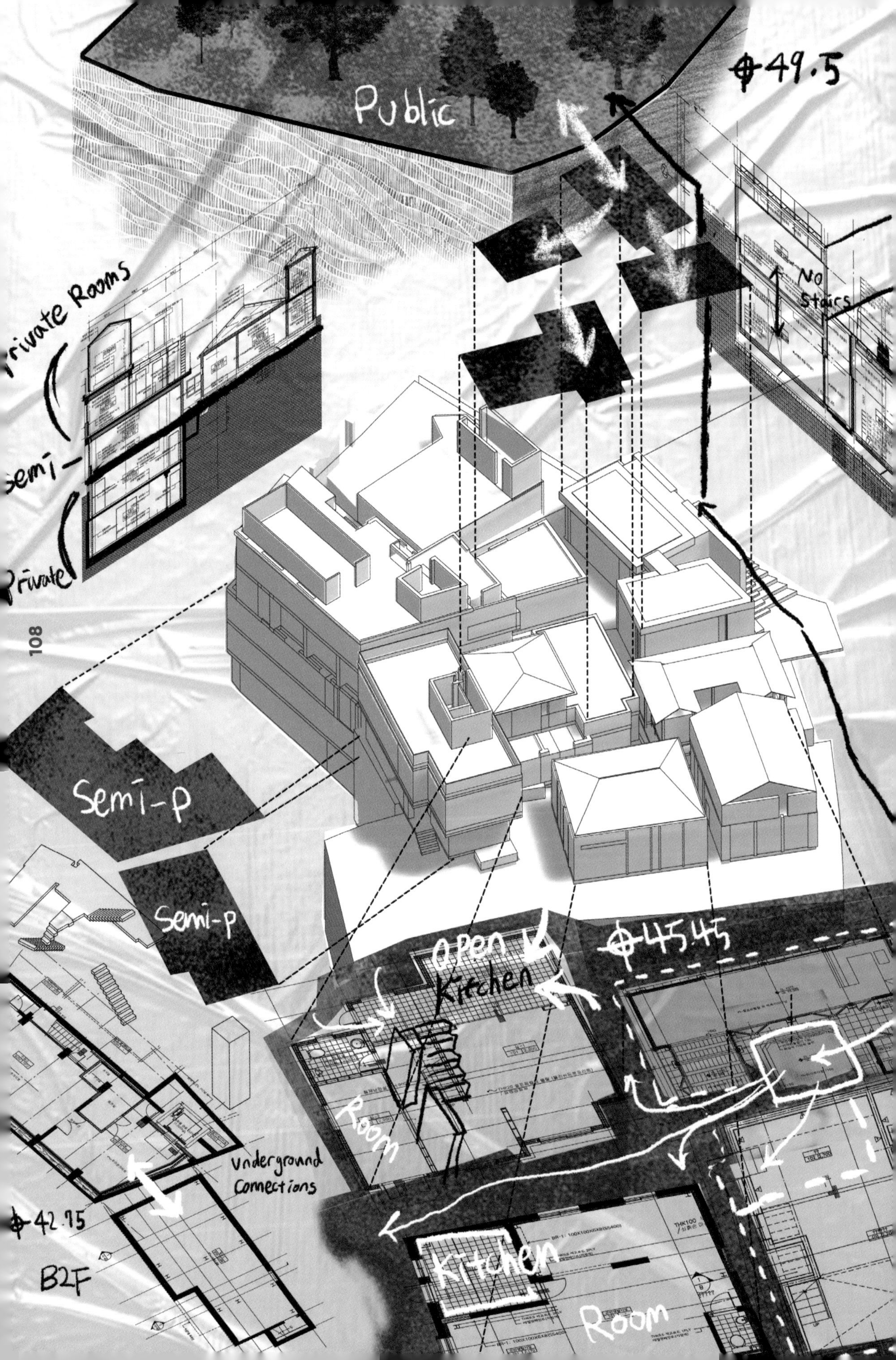

Public
Φ49.5
No stairs
Private Rooms
semi-
Private
Semi-p
Semi-p
Open Kitchen
Φ45.45
Room
Underground Connections
Φ42.75
B2F
Kitchen
Room

골목; 경계에서 발생하는 무작위적인 사건들

Alleyways: Random Events Arising at the Boundaries

이곳을 다시 방문했을 때 볼 수 있는 풍경은 더 이상 골목에서 마주할 수 있는 정겨운 풍경이 아니다. 길은 '통로'만으로 이용되고, 그 길을 이용하는 사람들은 거주자가 아닌 관광객들이다.

The scenery you'll see when revisiting this place is no longer the familiar, heartwarming view once found in the alleyways. The streets are now used solely as passageways, and those who walk them are not residents, but tourists.

어떻게 하면 Common Place를 다시 이곳에 발생시킬 수 있을까? 이곳 집들을 수직, 수평적으로 연결함에 좋은 방향성이 있다고 생각한다. Private 부터 Semi한 공간, 그리고 Public까지, 공간을 뜯어보고 붙여보았다.

How can we recreate a sense of common place here? I believe there is great potential in connecting these homes both vertically and horizontally. By deconstructing and reassembling the spaces—from private to semi-private, and finally to public—I explored new spatial possibilities.

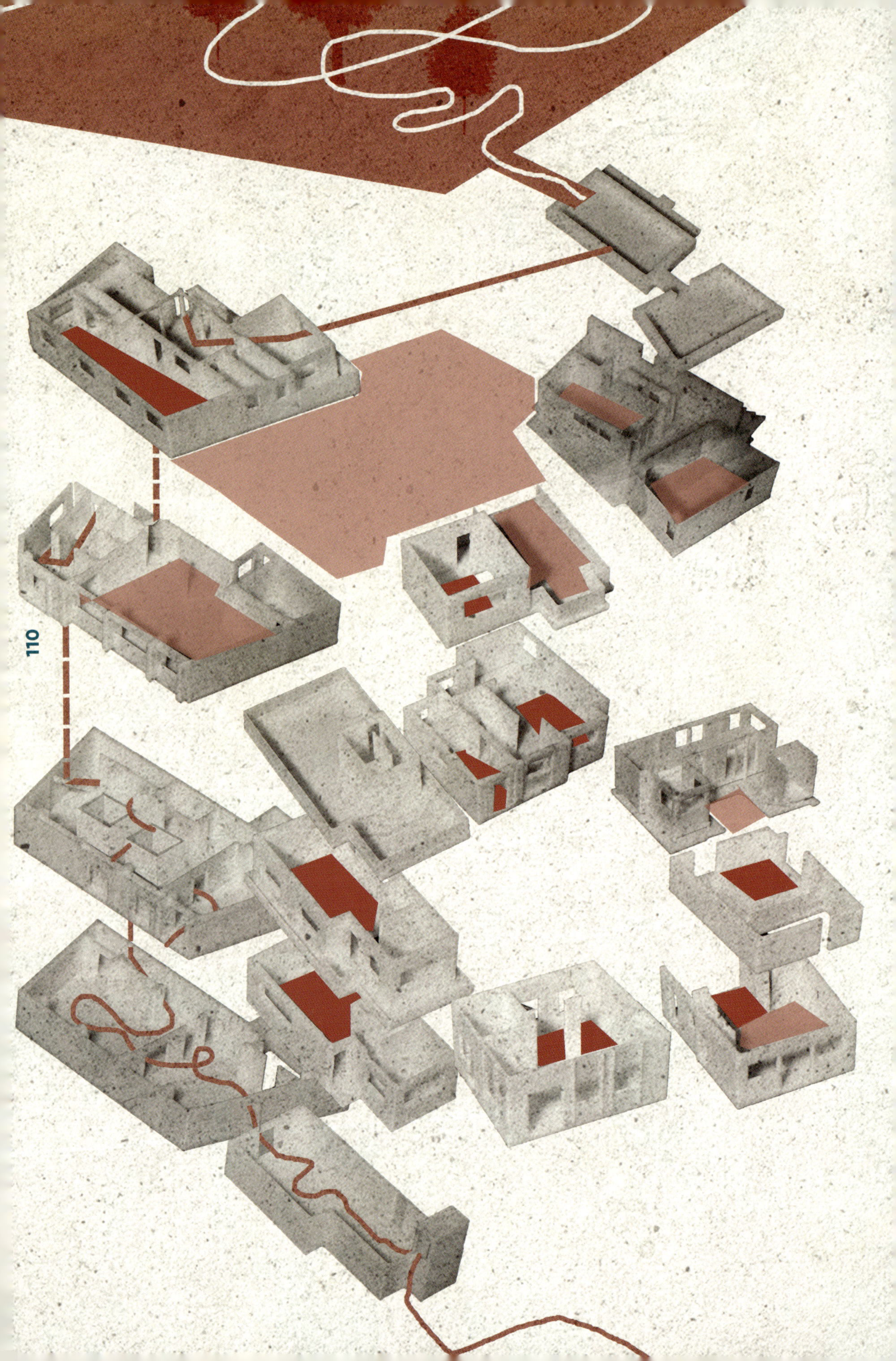

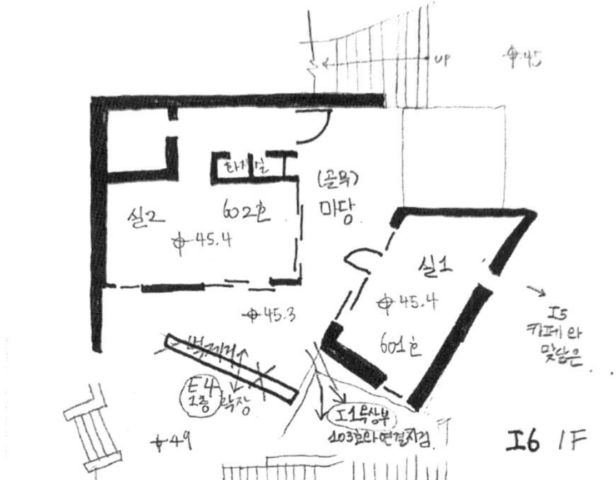

UP
45
(공유)
마당
실2
602호
45.4
45.3
실1
45.4
601호
I5
카페와
맞닿은
E4
1층 옥상
I1옥상부
103호와 연결지점
49
I6 1F

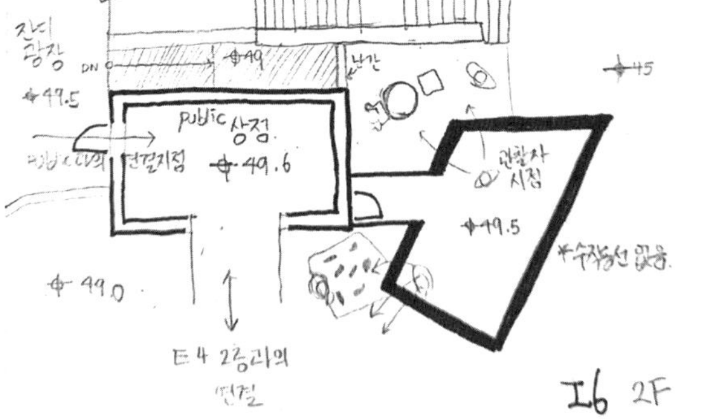

49
난간
45
광장
49.5
public 상점
연결지점
49.6
관람자
시점
49.5
49.0
E4 2층과의
연결
I6 2F

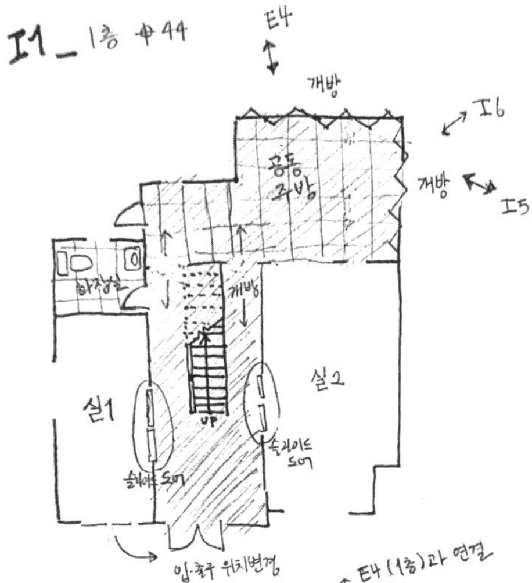

I1_1층 44
E4
개방
I6
공동
주방
개방
I5
화장실
개방
실1
UP
실2
슬라이드
도어
입·출구 위치변경

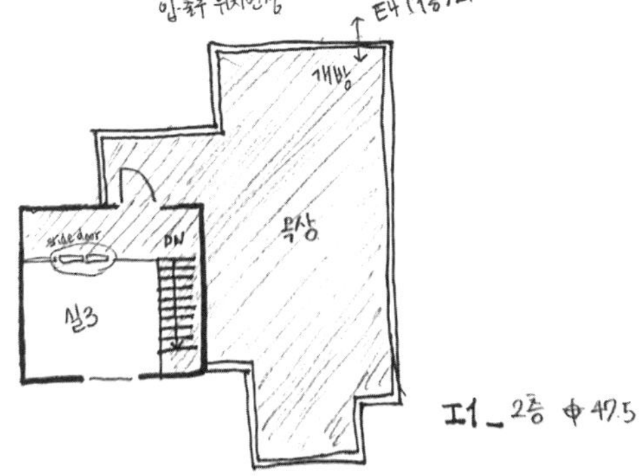

E4 (1층)과 연결
개방
DN
옥상
실3
I1_2층 47.5

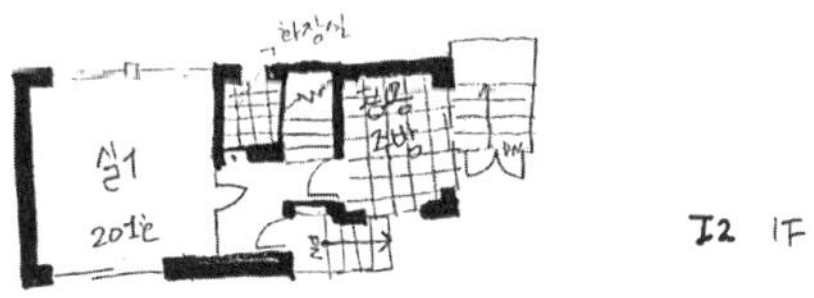

화장실
실1
201호
I2 1F

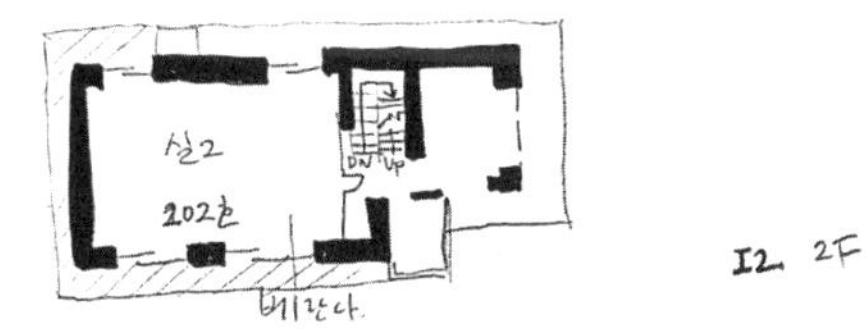

실2
202호
DN UP
베란다
I2 2F

옥상
정원
E4
와
연결
I2 3F (옥상)

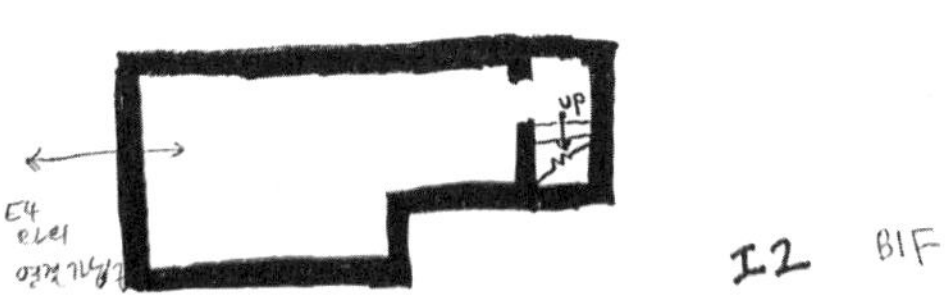

UP
E4
와의
연결 가능성
I2 B1F

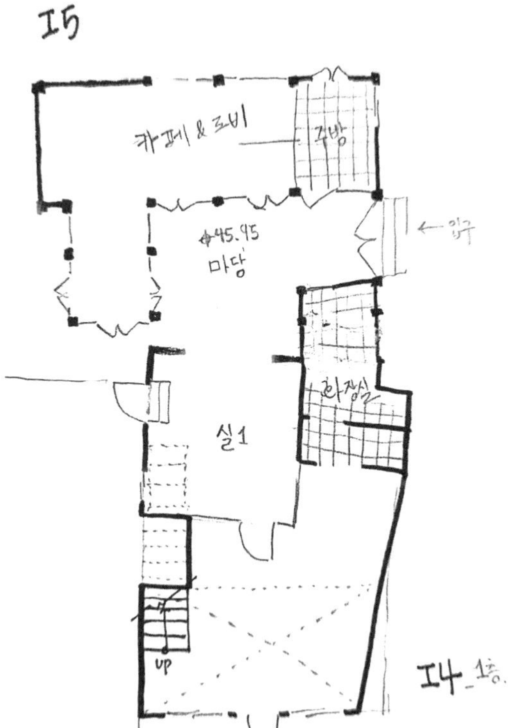

I5
카페 & 로비
주방
입구
45.95
마당
화장실
실1
UP
I4_1층.

흙 없는 척박한 곳에 자라난 민들레는 '정'같은 무언가를 느끼게 한다.
이러한 틈에서도 자라나는 민들레처럼, 어떤 사이 공간에서 골목은 발생하고 이것은 버네큘러함이 극대화된 형태로 볼 수 있다. 따라 매스를 제거하는 방식으로 길을 임의적으로 생성하는 것이 아닌 무작위적인 Void의 개입으로 발생하는 엉뚱한 경계로부터 마을의 커뮤니티가 생겨나게 되는 것이고, 이것이 이 마을을 더 돋보이게 한다.

The dandelion thriving in the barren, soil-less landscape evokes a sense of 'jeong'(affection).
Just like these dandelions that grow in the cracks, alleys emerge within interstitial spaces, representing an intensified form of vernacular architecture. Rather than creating paths through the arbitrary removal of mass, the village community arises from the unexpected boundaries created by the random intervention of voids, enhancing the distinctiveness of this place.

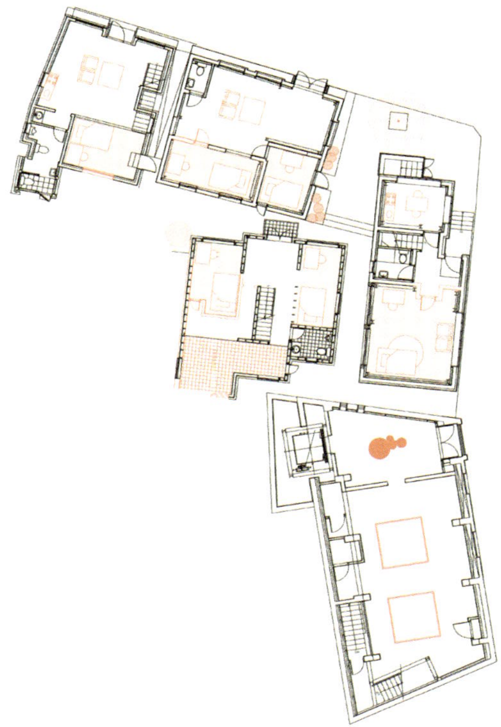

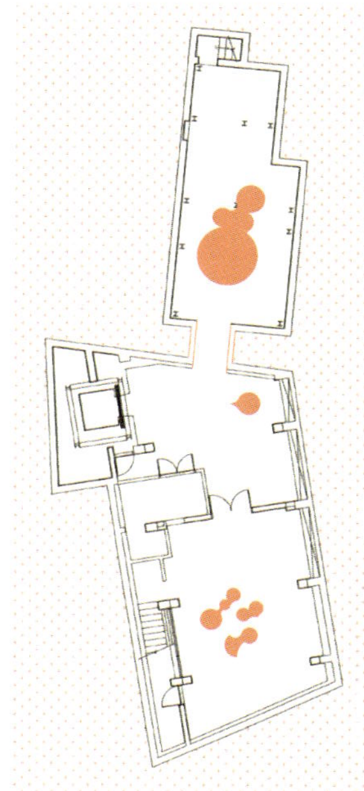

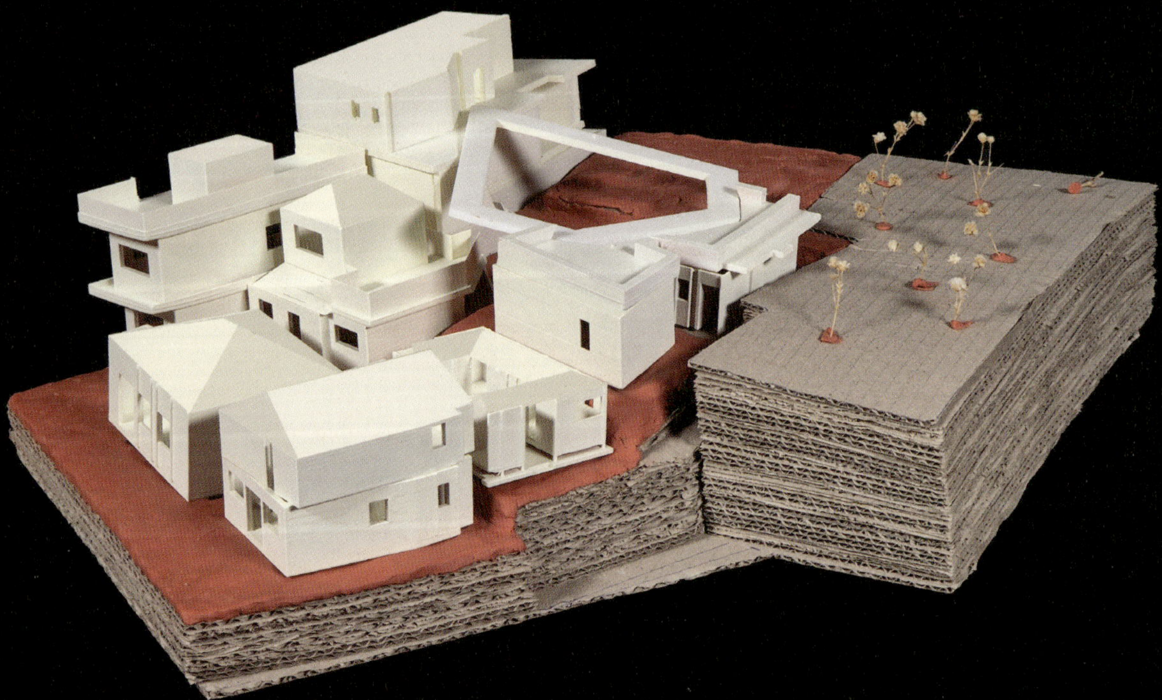

홍콩반점 PLUS+ 0410
MEGA COFFEE BIG SIZE 2 SHOT
bb.q OLIVE CHICKEN cafe
McDonald's
김밥천국
죽 김 밥
Take out Culture
COMPOSE COFFEE
STARBUCKS
빽다방
조방 55년 전통
원조 할매낙지
MBC 맛있는TV KBS SBS NHK 출연 T.643-5037 634-96
Since 1962
59년전통
해운대
원조할매국밥
원조전주식당
원조식당
평안도족
원조의
원조
50년 전통
원조감자탕
SINCE 1953
신당동 원조1호
마복림
SINCE1962
충청북도 향토음식 지정점
원조 국밥

돈의문 박물관마을은 "박물관"이라는 권위적인 타이틀과 행정적 편의주의에 의해 원래 있었던 일상의 흔적을 지우고 말았다. 새문안마을의 주민들과 방문자들이 오가며 쌓인 식당, 점포, 주택과 그 삶의 흔적은 새문안마을 자체와는 무관한 70년대에 특정된 이미지로 덧씌워졌고, 이러한 노스탤지어는 보존이라는 미명 하에 박제되어 일종의 "고전"으로서의 규범성을 지니게 되었다. 이는 마치 길거리에 널린 원조를 자칭하며 수십년 역사를 주장하는 식당들을 보는것만 같다.

Donuimun Museum Village, under the imposing label of "museum" and the convenience of administrative policy, ended up erasing the traces of everyday life that once existed. The restaurants, shops, homes, and vestiges of daily life that had formed through the comings and goings of Saemunan Village residents and visitors were instead overlaid with an image of 70s that had little to do with Saemunan Village itself. This nostalgia was then preserved for sake of conservation, ultimately becoming a sort of "classic" imbued with a certain normative status. It feels like a lot of those restaurants claiming the "original" of a decades-long history.

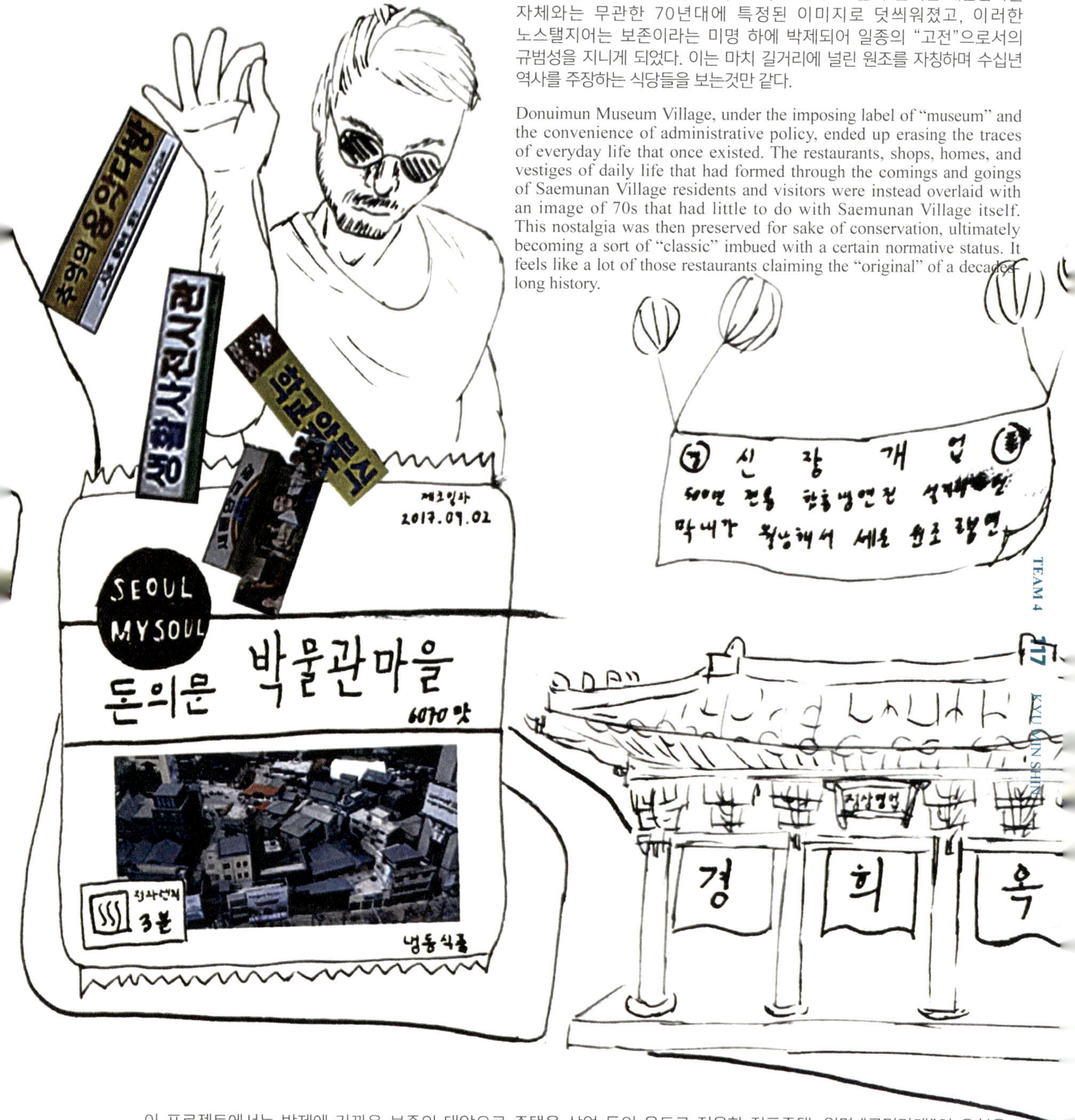

이 프로젝트에서는 박제에 가까운 보존의 대안으로 주택을 상업 등의 용도로 전용한 점포주택, 일명 "구멍가게"의 유형을 적용하였다. 이러한 점포주택 유형은 과거 새문안 마을에 존재했던 주거유형으로, 거주자의 필요와 편의에 따라 유기적으로 변용되는 것이 가능하기에 돈의문 박물관 마을의 박제를 해체하고 다시 거주가능한 마을로 활성화시키는 데에 적합한 유형으로 제시되었다. 먼저 현재 돈의문 박물관 마을에 존재하는 주택들 가운데 거실 등을 내놓을 수 있는 집들이 모인 현 종로구청 분관 뒤편 부지를 선정하여, 개별 주택의 "구멍가게"로서 내놓은 스튜디오와, 이에 면한 건물 사이 골목들과 이 가운데 생기는 마당으로 질서를 재편하였다. 종로구청 분관 자리에는 새문안로에 면한 가로상업과 더불어 마을로의 진입로를 두었다.

In this project, as an alternative to preservation of "taxidermy," we applied the shophouse typology—commonly referred to as a "Mom-and-pops store"—in which residential spaces are repurposed for commercial or other uses. This shophouse style once existed in Saemunan Village and can be organically adapted to the occupant's needs and conveniences, making it a suitable approach to undo the "fossilization" of Donuimun Museum Village and reactivate it as a livable place.
First, among the existing houses in Donuimun Museum Village, we chose a site behind the current Jongno-gu Office, where multiple residences could be reconfigured—by repurposing spaces such as living rooms—into small "mom-and-pos stores." We then reorganized context of the studios converted for this purpose, the alleys between buildings, and the courtyards formed in their midst. On the site of the Jongno-gu Office itself, we introduced street-facing commercial units along Saemunan-ro and created an entrance route into the village.

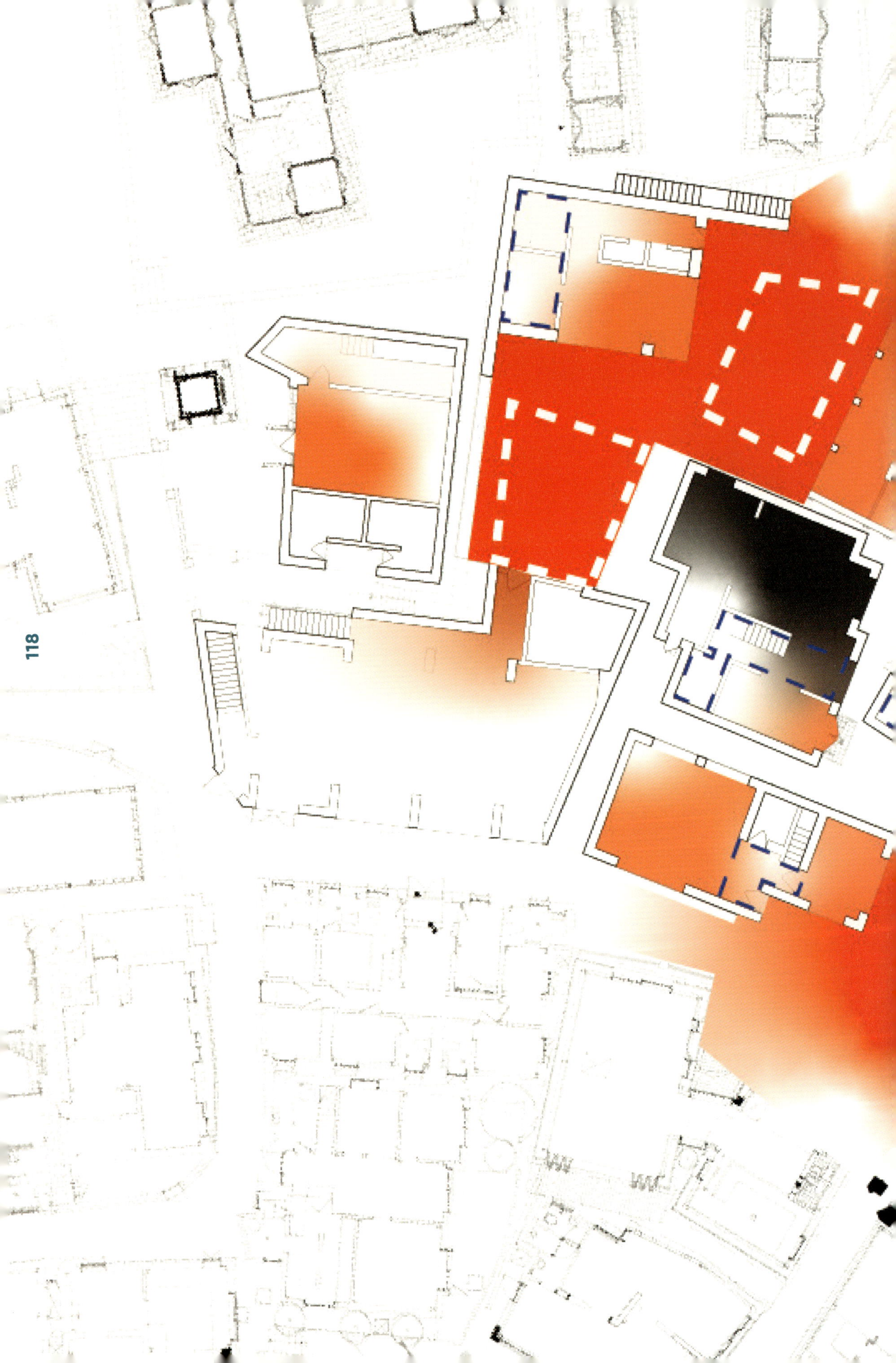

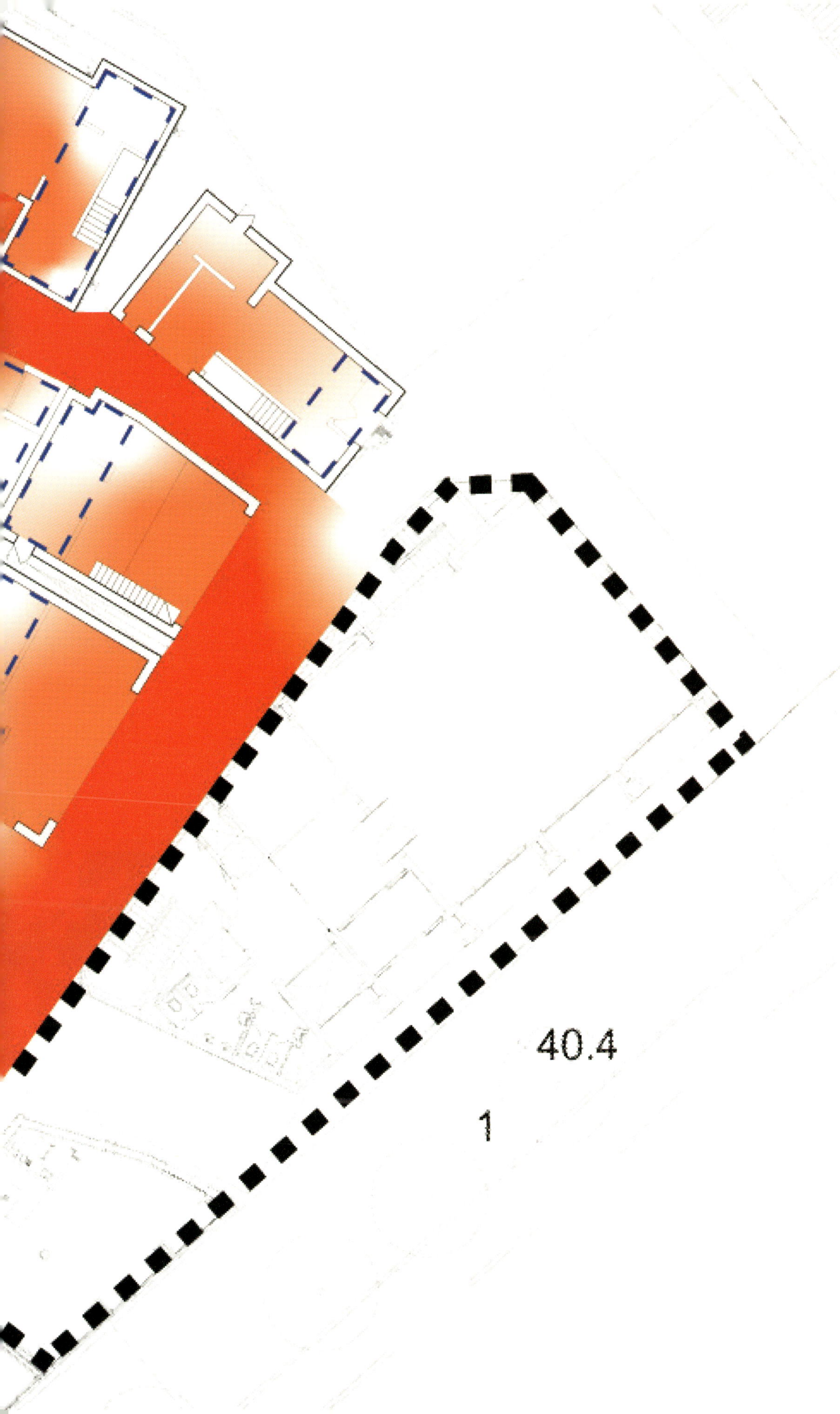
40.4
1

Village level
1:100

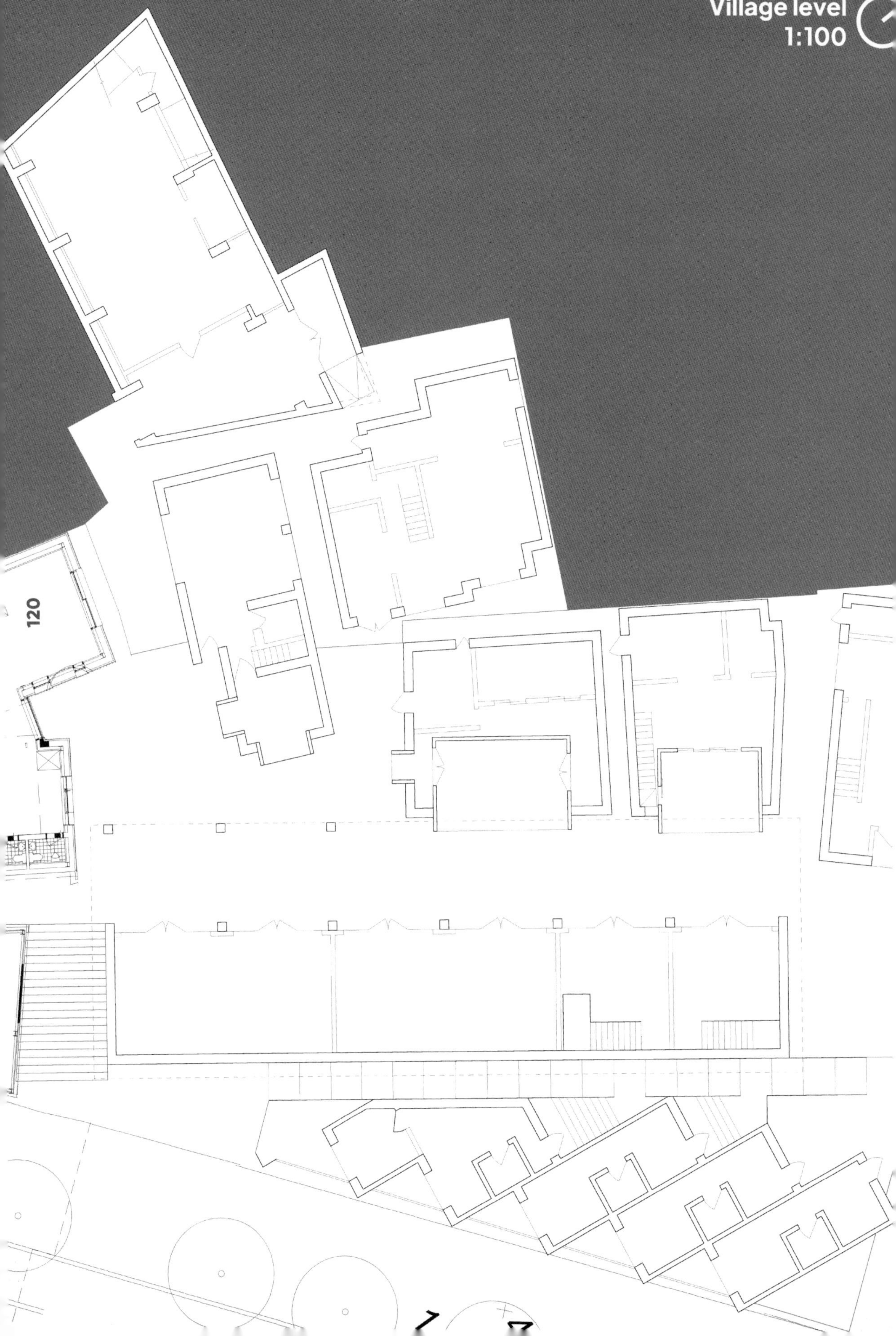

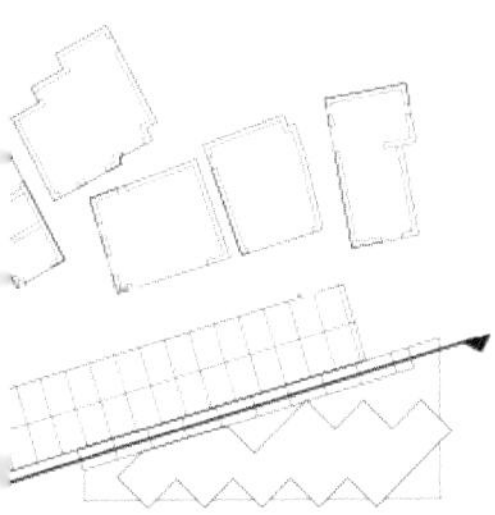

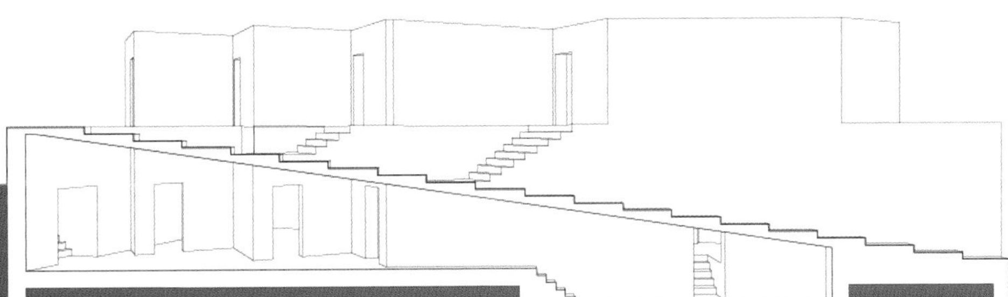

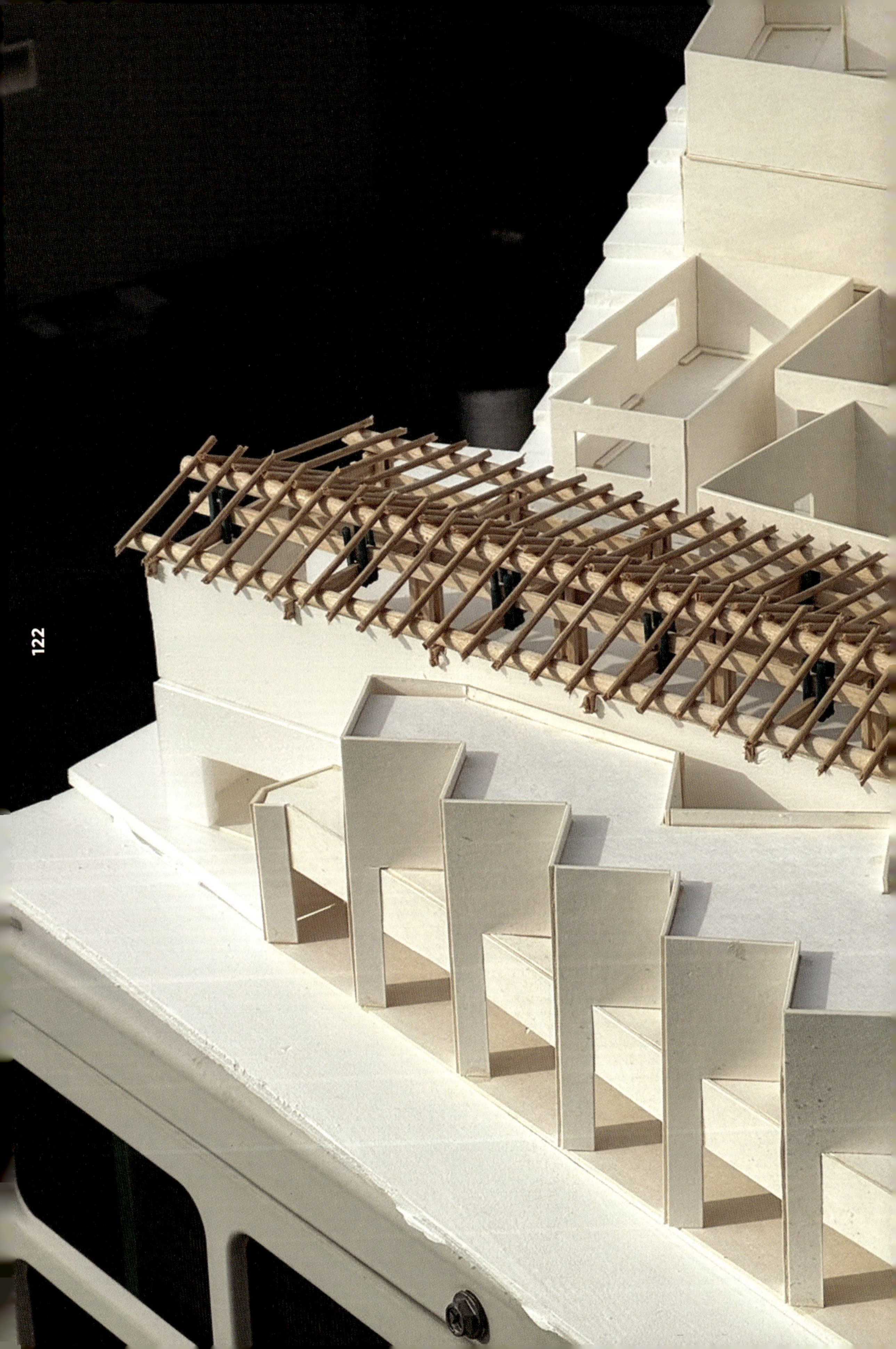

도시건축과 시간의 지속에 대하여

How do the things that have not yet appeared meet with those that have already disappeared?

Seoul National University
Department of Architecture and Architectural Engineering
Yerin Kang, Associate Professor

STUDENTS
고상진 Sangjin Ko
김도현 Dohyeon Kim
방준영 Jun young Bang
신규민 Kyu min Shin
신예림 Yerim Shin
신준규 Jungyu Sin
신재욱 Jaewook Shin
이은진 Eunjin Lee
조경진 Kyung Jin Jo

ACKNOWLEDGEMENT

A sincere thanks to our sponsor Heerim Architects & Planners

SPONSOR

(주)희림종합건축사사무소 Heerim Architects & Planners Co., Ltd.
정영균 JEONG Young Kyoon, Chairman / CEO

EDITOR

강예린 Yerin Kang

Teaching Assistant

황민식 Minsik Hwang

도시건축과 시간의 지속에 대하여

How do the things that have not yet appeared meet with those that have already disappeared?

1 Gwanak-ro, Gwanak-gu
Seoul 08826
South Korea

Photo Credits
New york & Pennsylvania Trip
Students of Yerin Kang Studio 4-2

발행일 2025년 6월 27일 1쇄 발행
발행인 김기현
발행처 시공문화사 Spacetime Pub.
편집/디자인 아키스토리 jade-comm@hanmail.net

등록 1993년 3월 12일
주소 서울시 서대문구 독립문공원길 13 극동프라자 5층
전화 02) 3147-1212 **팩스** 02) 3147-2626

http//www.spacetime.co.kr
spacetime@korea.com

ISBN 978-89-5592-492-3
도서정가 20,000원